박진도의 농촌 에세이

그래도 농촌이 희망이다

박진도의 농촌 에세이

그래도 농촌이 희망이다

박진도 지음

국립중앙도서관 출판시도서목록(CIP)

그래도 농촌이 희망이다 / 박진도 지음. -- 파주 : 한울,
2005
  p. ; cm

표지관제: 박진도의 농촌 에세이
ISBN 89-460-3475-0 03520

520.4-KDC4
630.2-DDC21   CIP2005002542

"이 나라 대부분의 도시 사람들에게 잊혀진 땅, 버림받은 곳, 그러나 언제나 개발하여 이득을 남길 수 있는 땅으로만 대접받는, 서럽디 서러운 이 나라 시골." 소설가 공선옥이 마음 아파하는 우리나라 농촌의 현실이다. 작가는 "지금, 우리나라 시골이 울고 있다. 누가 그 울음을 멈추게 할 수 있을 것인가"라고 스스로에게 묻는다.

1971년 여름. 처음 농활을 갔다. 당시는 다수확 신품종 통일벼가 보급되고 새마을 노래가 농촌 구석구석까지 울려 퍼지기 시작하던 때이다. 농활은 낮에는 일하고 밤에는 농민들과 얘기를 나눈다. 아주머니 한 분을 만나 농촌이 못사는 이유는 저곡가정책 때문이라는 설익은 논리를 전개했다. 그런데 그 아주머니는 전혀 다른 얘기를 했다. 쌀금이 오르면 농촌 인심이 나빠져서 못쓴다는 것이다. "요즘 쌀값이 오르기 시작하니까 밥 때 남의 집에 가는 게 신경이 쓰인다"고 하였다.

2005년 가을. 전국이 쌀값 폭락에 항의하는 농민들의 분노로 들끓고 있다. 농민들은 애써 지은 벼를 불태우고 갈아엎고, 관청 마당에 벼를 야적한다. 농민 지도자들은 삭발, 단식농성, 고속도로 점거 등 격렬한 싸움을 마다하지 않는다. 쌀값 폭락을 가져온 직접적 주범인 쌀 재협상 안의 국회비준을 저지하기 위해서다. 그러나 정부와 여당은 비준안 강행처리 불사를 외친다.

30년 전 쌀은 우리 국민 모두의 문제였지만, 지금 쌀은 농민들만의 문제이다. 30년 전 정부는 혼식의 날, 분식의 날을 정하여 식당에서 쌀밥을 팔지 못하게 하고, 학생들의 도시락까지 검사하였다. 군사독재 정부가 아니면 도저히 상상조차 할 수 없는 정책이지만, 그만큼 쌀은 소중한 존재였다. 오늘날은 비만을 걱정하고 온 국민이 다이어트에 열중하는 시대이다. 국민들은 자신들이 먹는 식량의 75%를 외국에서 수입하면서도 식량안보의 중요성을 깨닫지 못한다. 정부가 다른 농산물을 다 수입하면서도 쌀만은 보호하고 가격을 지지한 탓에 쌀이 남아돌아 걱정이다. 게다가 외국의 값싼 쌀이 대량 수입된다. 쌀의 처지가 신줏단지에서 골칫거리로 전락했다. 쌀 재협상 국회 비준을 반대하는 농민들을 바라보는 일반 국민들의 시선이 곱지 않다. 주요 언론사들은 연일 국회의 조속한 비준을 촉구하며, 비준을 반대하는 것은 농민들의 집단 이기주의라고 매도한다. 국익을 앞세운 정부와 언론의 협박에 국민 모두가 주눅이 들었다.

시위에 참여하는 농민들의 거의 대부분은 얼굴에 주름이 굵게 파인 노인들이다. 집에서 편히 쉬어야 할 분들이 머리에 붉은 띠를 매고 찬 아스팔트 위에 앉아 주먹을 휘두르며 구호를 외친다. 세계 어느 곳에서도 보기 힘든 안타까운 풍경이다. 농촌 인심을 걱정하던 마음씨 좋은 그때 그 아주머니도 지금은 할머니 투사가 되었을 것이다. 무엇이 누가 순박한 농민들을 투사로 만드는가. 쌀값 폭락은 직접적 계기이기는 하지만 근본적 원인은 아니다. 돈 몇 푼 더 받자고 낯선 서울 땅에 올라와 찬바람 맞으며 지하도에서 새우잠을 자면서 데모하는 것이 아니다. 고생만 하고 살아온 지난 세월이 원통하고, 달면 삼키고 쓰면 뱉는 정부가 너무 괘씸하고, 농업·농촌의 가치와 농민들의 마음을 너무 몰라주는 도시 사람들이 야속하다. 그런데도 정부는 늘 근본적인 대책은 세우지 않고 돈 몇 푼 더 주고 농민들의 불만을 달래려고 한다. 그러면 또 보수 언론은 '농민 퍼주기, 농민들의 도덕적 해이 유발' 등 정부를 비난하고, 농민들을 거지 취급한다. 시위 현장에서 만난 한 농민은 가만히 있으면 화병이 나서 죽을 것 같아, 참을 수 없어 거리에 나왔다고 말했다.

내가 농촌경제를 공부하기 시작한 지도 30년이 훌쩍 넘어버렸다. 어떤 사람들은 "상과대학 경제학과를 나와서 왜 하필 농업경제를 전공하느냐"라고 묻는다. 그럴 때마다 나는 어릴 때의 약속 때문이라고, 혼자 속으로 답한다.

그동안 『한국 자본주의와 농업구조』, 『WTO 체제와 농정개혁』 등 몇 권의 전문연구서를 집필하였지만, 전문연구자가 아니면 읽기 어려워 대중성이 없었다. 그에 비해 이 책은 그동안 신문과 잡지 등에 발표한 글들을 새롭게 편집한 것이다. 시사성을 고려하여 원칙적으로 2000년 이후에 쓴 원고를 중심으로 하였지만, 1990년대 후반의 원고 가운데 시사성에 얽매이지 않는 몇 원고를 함께 수록하였다. 중복 등을 피하기 위해 약간 가필을 하였지만, 가능한 한 원래의 글에 충실하려고 하였다.

이 책은 7부로 구성되어 있다. 제1부에서는 근대화론을 앞세운 성장제일주의 정책하에서 우리 농업과 농촌이 소외되고 망가져 가는 모습을 담았다. 여기서는 새마을운동과 통일벼 보급 과정 등을 통해 박정희 시대를 재조명해 보았다. 제2부에서는 식량위기와 식량안보에 관련된 글을 실었다. 여기서는 식량안보의 중요성과 쌀의 역할을 강조하면서, 동시에 환경파괴와 GMO(유전자조작식품)의 위험성을 경고하였다. 제3부에서는 이른바 국익을 앞세운 무분별한 농산물시장 개방정책을 비판하고, 농업·농촌의 발전이야말로 참다운 국익 증대에 기여하는 길임을 강조한다. 제4부에서는 협동조합 개혁문제를 다루었다. 특히 신용사업과 경제사업의 분리를 통한 농협중앙회의 개혁과 정체성 회복의 중요성을 강조하였다. 제5부는 농촌개발과 관련된 글들을 실었다. 농촌 지역사회 공동화의 심각성을 지적하고 개발이라는 이름으로 자행되고 있는 환경파괴 및 땅 투기를 비판하는 한편, 새로운 농촌 발전의 패러다임으로서 내발적 발전전략을 제시하였다. 제6부는 농업·농촌의 위기 해결을 위한 비전과 구체적 전략을 담았다. 특히 농정 패러다임의 전환을 강조하고, 농도상생의 길을 모색하였다. 제7부에서는 한국 사회의 개혁과 관련된 몇 가지 글을 실었다. 그 이유는 농업·농촌 문제의 궁극적 해결이 한국 사회의 민주화와 개혁 없이는 불가능하기 때문이다. 여기서는 신자유주의적 성장주의 경제정책의 문제점을 비판하고, 농민을 포함한 보통 사람의 삶의 질을 개선하는 데 기여하는 새로운 경제 패러다임의 모색을 추구한다.

오늘 우리 농촌의 망가진 모습을 보노라면 참으로 마음이 아프지만, 나는 우리 농촌의 미래에 대해 절망하지 않는다. 추락하는 것에는 날개가 있듯이, 이제 우리 농촌도 새로운 비상을 준비할 때이다. 여러 가지로 부족한 점이 많지만, 이 책을 정말 어려운 여건 속에서도 우리나라 농업·농촌의 발전을 위해 혼신의 힘을 다해 악전고투하는 농민 형제들에게 바친다.

2005년 늦은 가을
박진도

차례

제1부
근대화 물결에 떠내려간 농촌

성장의 빛과 그늘: 박정희 시대

박정희 신드롬의 본질

박정희는 1961년 5월 16일 군사 쿠데타로 정권을 잡고 18년간 이 나라를 통치한 뒤 1979년 10월 26일에 심복인 중앙정보부장 김재규의 총탄에 맞고 비명에 갔다. 그런데 그가 죽은 지 꼭 18년 만에 박정희는 다시 우리 곁에 살아 돌아왔다. 몇 년 전부터 시작된 박정희 되살리기 움직임이 15대 대통령선거를 맞이하여 절정에 이른 것이다. 이미 지난 1992년의 14대 대통령선거 기간 중 대통령 후보들이 앞 다퉈 박정희의 묘소를 참배한 바 있지만, 이번 대통령선거에서는 모든 후보들이 서로 박정희 계승 혹은 박정희 닮기를 경쟁하고 있다. 심지어 박정희에 의해 정치적으로 가장 핍박받았던 김대중이 박정희를 찬양하며 정권교체를 명분으로 김종필과 내각제 개헌에 합의하였다.

김종필이 누구인가? 그는 박정희와 함께 5·16 군사 쿠데타를 주도하였고, 초대 중앙정보부장을 지내고, 박 정권 아래에서 2인자의 지위를 누렸으며 스스로 유신 본당임을 자임하는 사람이다. 김대중은 바로 김종필이 만든 중앙정보부에 의해서 납치되어 바다에 수장될 뻔하였던 사람이다. 이런 두 사람이 손을 잡은 것이다. 그것도 김대중이 대통령에 당선되면 2년 이내에 내각제로 개헌하고 초대 내각제의 총리 자리를 김종필에게 주기로 합의한 것이다. 내각제 아래에서는 총리가 대통령이나 다름없으니, 결국 유신 본당 김종필의 대통령 만들기에 합의한 것이나 다를 바 없다.

김대중이 대통령에 당선될지 또는 내각제 개헌이 이루어질지는 이 글의 관심사가 아니다. 다만, 나는 이로써 박정희가 기득권을 가진 세력들의 흥정(야합)에 의해 정치적으로 완전히 부활하였음을 강조할 따름이다. 박정희 시대는 이미 갔지만 그의 군사정권은 전두환, 노태우 두 군인에 의해서 12년간 직접적으로 계승되었고, 오늘날 우리 사회가 박정희 신드롬을 앓고 있는 현실을 볼 때, 우리 사회가 한 걸음 더 앞으로 나아가기 위해서는 박정희 시대에 대한 객관적이고 올바른 평가가 반드시 필요하다.

박정희를 되살리려는 사람들의 논거는 무엇인가. 박정희를 되살리는 것이 과연 우리 사회를 위해 바람직한 일인가. 동작동 국립묘지의 박정희 묘비에는 박정희를 "……조국 근대화의 기수로서 오천 년 이래의 가난을 물리치시고……세계 속의 풍요한 한국을 부각시켰으며……민족중흥을 이룩하신 영도자로서 민족사상 그 유례를 찾아볼 수 없는 위대한 업적을 남기시고……"라고 극찬하고 있다. 그리고 대표적인 박정희 예찬론자인 이은상은 "박정희란 인물은 우리나라 역사상 세종대왕과 이 충무공을 합해놓은 인물로 후세의 사가들은 반드시 평가할 것이다"라고 하였다. 박정희 예찬론자들은 그가 일본 관동군 장교 '다카키 마사오'로서 항일무장단체의 토벌에 앞장선 친일 반역자였으며, 자신의 목숨을 구하기 위해 수백 명의 동지의 목숨을 팔아넘긴 배신자였으며, 인권과 민주주의를 철저하게 유린한 독재자였으며, 자신의 권좌를 유지하기 위해 반공 이데올로기를 극대화한 민족분열자였으며, 궁정동 안가에서 사흘에 한 번 꼴로 '대행사' '소행사'의 미녀파티를 즐긴 방탕아였다는 사실 등에 대해서는 애써 눈을 감는다. 아니 독재는 경제성장을 위해서 불가피하였고, 경제가 성장을 해야 인권이나 민주주의도 발전할 수 있는 것이며, 본디 영웅호색이니 배꼽 아래 일을 문제 삼는 것은 적당치 못하다고 강변한다.

일찍이 장준하 선생은 "대한민국 국민은 누구라도 대통령이 될 수 있는 자격이 있지만 단 박정희만은 예외이다"라고 주장한 바 있다. 박정희에 대한 온갖 부정적 이미지(사실)에도 불구하고 그를 재평가하려는 사람들의 가장 커다란 논거는, 그의 묘비에 기록되어 있듯이 박정희 덕분에 우리 경제가 고도성장을 하였고 국민들이 가난에서 벗어나게 되었다는 것이다. 서러움 중에서 뭐니 뭐니 해도 가장 커다란 서러움이 배고픈 서러움인데, 그것으로부터 국민들을 해방시켰으니 허물이 조금 있다고 한들 그를 민족적 영웅으로 칭송하는 데에는 지장이 없다는 게다.

박정희를 경제성장의 화신 또는 조국 근대화의 화신으로 평가하는 데에는 반론도 만만치 않다. 당시의 국제 정치경제 질서(특히 냉전체제와 국제분업의 재편)와 우리 국민의 근면성을 고려하면 설사 박정희가 없었다 해도, 다시 말해 누가 대통령을 했더라도 우리 경제는 성장하였을 것이라는 주장이다. 사실 역사에는 가정이 성립하지 않는 만큼, 이 부분은 판단하기 매우 어려운 부분이다. 그런데 중요한 것은 그러한 논쟁의 성패가 아니다. 즉, 박정희 시대에 우리 경제가 고도성장한 것은 사실이지만, 많은 국민들이 그것을 박정희 덕분이라고 스스로 믿거나 혹은 그렇게 믿도록 조작되었기 때문에 박정희 되살리기가 가능하다는 점이다. 따라서 우리는 박정희 시대를 정치, 경제, 사회, 문화 전반에 걸쳐서 종합적으로 평가해야 하지만, 그 가운데서도 박정희 시대의 경제성장에 관하여 정공법을 택하지 않으면 박정희 신드롬을 극복할 수 없다. 다시 말해, 경제적으로 업적을 올린 것은 인정하지만 독재를 하였기 때문에 잘못이라는 식으로 박정희 시대를 비판해 보았자 대중적 설득력이 약하다.

우리는 박정희 시대의 경제성장이 누구를 위한 성장이었는가, 성장을 뒷받침하기 위해 노동자와 농민 등 근로대중이 얼마나 착취당하였는가, 성장제일주의가 한국 경제를 어떻게 왜곡시켰고, 그리고 그것이 오늘날 한국 경제의 발전에 어떠한 질곡으로 작용하고 있는가에 대해서 검토하지 않으면 안 된다. 나가서 최근의 박정희 신드롬과 관련해서는 박정희식의 성장제일주의로는 오늘날 우리 경제의 성장 자체가 불가능하다는 것을 논증하지 않으면 안 된다. 다시 말해 우리 경제의 미래를 위해서는 박정희식의 성장논리를 무덤에서 불러낼 것이 아니라, 그 잘못된 유산의 청산을 우리의 과제로 삼아야 한다는 점을 분명히 하는 것이다.

경제성장의 빛: 독점재벌의 발전

박정희가 군사 쿠데타로 정권을 잡은 1961년에 우리나라는 가난한 농업국이었다. 전체 취업자의 60퍼센트 이상이 농업 부문에 취업하고 있었고, 국민총생산의 40퍼센트 이상이 농업 부문에서 생산되었다. 반면에 광공업 부문의 비중은 전체 취업자에서 15%, 국민총생산에서 8% 수준에 지나지 않았다. 그리고 1인당 국민소득은 100달러도 못 되었다. 그러나 박정희가 죽은 1979년에 우리나라 경제는 농업국에서 공업국으로 탈바꿈하였고, 우리나라의 국제적 지위도 후진국에서 중진국으로 높아졌다. 1979년의 산업구조를 보면, 농림어업의 비중은 국민총생산에서 18.8%, 전체 취업자에서 35.8%로 낮아진 반면에, 광공업의 비중은 국민총생산에서 29.8%, 전체 취업자에서 23.6%로 높아졌다. 아직 취업자 기준으로 보면 농업 취업자가 광공업 취업자보다 많기는 하지만, 산업생산을 기준으로 하면 공업 부문이 농업 부문을 압도하게 된 것이다. 이러한 공업화 과정에서 국민총생산은 614억 달러(1961년의 약 27배)로 늘어나고, 1인당 국민소득은 1,640달러(1961년의 19.3배)로 증대하였다. 인플레로 인한 달러 가치의 하락을 감안하더라도 국민총생산과 1인당 국민소득이 괄목할 정도로 신장한 것이다. 경제성장과 공업화를 주도한 것은 수출의 증대였다. 1961년에 불과 4,000만 달러였던 우리나라의 총수출액이 1979년에는 150억 달러(375배)로 급속히 늘어난 것이다.

이 시기에 급속한 공업화와 경제성장을 달성한 것은 우리나라만은 아니다. 1979년에 경제개발협력기구(OECD)는 「공업생산과 무역에서의 신흥공업국의 영향」이라는 보고서를 발표하였다. 이 보고서는 한국·대만·홍콩·싱가포르 등 아시아 4개국, 브라질·멕시코 등 라틴 아메리카 2개국, 그리고 그리스·포르투갈·에스파냐·유고 등 남유럽 4개국 등 10개국이 1960년대 초 이래, 특히 1970년대에 세계의 공업생산과 제품 수출에서 차지하는 비중을 급속히 확대해 온 점에 주목하고 이들 나라를 '신흥공업국(Newly Industrializing

Countries: NICs)'이라고 명명하였다. 이들 나라는 종교나 인구구성, 역사적 사회적 조건은 물론, 경제구조나 발전 단계, 국내시장의 규모, 지리적 위치 등이 매우 다르다. 그럼에도 OECD가 이들을 NICs라는 하나의 그룹으로 파악한 이유는 이들 나라에 다음과 같은 중요한 네 가지 공통점이 있기 때문이다. 즉, ① 전체 취업자에서 차지하는 공업 부문의 비중이 급속히 신장되었다. ② 수출이 급증하여 세계 공업제품 수출에서 차지하는 비중이 급속히 확대되었다. ③ 1인당 국민소득이 괄목할 만하게 신장되어 선진공업국과의 격차가 축소되었다. ④ 외향적 성장정책(outward-looking growth policy: 수출지향 공업화)을 채용하였다.

NICs가 등장할 수 있었던 직접적 계기가 제2차세계대전 이후 선진 자본주의에서의 축적양식의 변화라는 것은 주지의 사실이다. 즉, 생산재의 과잉생산과 노동력 부족이라는 곤란에 직면한 선진국은, 한편에서는 선진국 간 상호의존 체제를 강화하고 다른 한편에서는 노동집약적인 제조업을 저개발국에 이전하였는데, 이 과정에서 자본의 국제화와 생산의 국제화가 진전되면서 일부 저개발국이 공업화에 성공할 수 있었던 것이다. 이러한 변화는 1950년대 이후 기술혁신으로 중화학공업의 생산력이 국경을 초월하여 거대하게 발전하였고, 또한 교통 및 통신체계가 근본적으로 변혁되었기 때문에 가능하였다. 중심부 자본이 노동집약적 산업을 이전한 국가는 '공업적 기반이 정비되고 양질의 근대적인 값싼 노동력이 존재하며, 또한 외국자본에 대해서 안전한 정치적 상황이 지배한다는 조건을 충족한 남국(南國)'이었다.

이렇게 볼 때 1960년대와 1970년대의 급속한 공업화와 경제성장은 우리나라에 고유한 현상은 아니고, 따라서 박정희의 덕분이라고 하는 것은 타당치 않다. 다른 NICs 국가들에서는 우리나라의 박정희에 상응하는 사람을 발견할 수 없기 때문이다. 그렇다고 해서 NICs 현상을 중심부 자본주의에 의한 국제분업체제 재편의 일방적 산물이라고 보는 것은 올바른 견해가 아니다. 중요한 것은 외적 환경보다는 내적 조건이고, 이 시기에 NICs로 성장한 국가들은 외적 환경(국제분업체제)의 변화를 자기 나라의 경제성장에 효과적으로 이용하는 데 성공한 나라들이다. 우리나라는 높은 경제성장률과 철저한 외향적 성장정책 때문에 NICs 가운데서도 가장 전형적인 나라로 평가된다. 또한 우리나라는 외자에 의존해서 노동집약적 수출지향 공업화를 지향하였다는 점에서는 다른 신흥공업국들과 마찬가지이지만, 외국 자본의 직접투자보다는 국내 자본가가 공업화의 주체였다는 점에서 남미의 신흥공업국보다는 안정적인 성장을 달성할 수 있었다.

박정희 시대의 경제성장을 논함에 있어서 경제성장 제일주의 혹은 수출 지상주의라고 평가되는 박 정권의 적극적인 성장 및 수출 드라이브 정책의 역할을 무시할 수 없다. 박 정권은 '선성장 후분배'의 논리를 내세워 한편으로는 소수 재벌의 자본축적을 강력히 지원하면서 다른 한편으로는 근로대중의 희생을 강요하였다. 우리나라의 재벌은 초기의 형성과정에서부터 귀속재산 불하와 원조물자의 배정이라는 정부의 특혜 속에서 성장하였다. 박정희 시대의 재벌의 축적도 정부의 특혜 없이는 설명할 수 없다. 물론 특혜를 받았다고 해서 모든 기업이 재벌로 성장한 것은 아니고, 몰락한 기업도 적지 않지만, 적어도 정부의 특혜를 받지 않고 성장한 재벌은 없다. 박 정권이 어떠한 방식으로 재벌을 지원하였는가를 간단히 살펴보자.

첫째, 정부가 지정한 전략산업(기간산업)의 담당 기업에 대해서 외자도입을 허가하고 국내 금융을 지원하였다. 국제금리와 국내금리의 엄청난 차이로 인해 외자도입은 그 자체만으로 커다란 특혜였다. 예를 들면, 1965~1970년에 외자의 금리는 연간 5.6~7.1%에 불과한 반면에, 국내의 은행금리는 25~30%에 달하였다. 정부는 재벌의 외자도입을 돕기 위해 지급보증을 해주었다. 그뿐만 아니라 정부는 외자도입 기업에 대해서 내자(內資)의 일부와 운영자금까지도 국내 은행을 통해서 지원하였다. 당시의 사채금리가 50~60%에 달하였기 때문에 은행융자를 받는 것 자체가 자본을 축적하는 길이었다. 재벌들은 경제성이나 효율성을 따질 것 없이 무조건 외자도입과 은행융자를 통해서 사업을 확장하고자 하였다. 물론 어느 기업에게 외자도입을 허가하고 은행융자를 할 것인가는 정부가 결정하였다. 관치금융이 시작된 것이다.

둘째, 공기업 불하도 재벌 형성에 기여하였다. 재벌은 공기업 불하를 통해 매우 유리한 조건으로(장기분할 납부, 장기저리 융자, 은행 빚의 주식전환 등) 거대한 자산을 취득, 재벌로 성장하였다. 예를 들면 신진이 한국기계와 새나라자동차를, 동아가 대한통운을, 한진이 대한항공을 인수하여 상위 재벌로 부상하였으며, 한국화약과 선경은 각각 한양화학과 대한석유공사를 인수함으로써 상위 재벌로 도약하였다. 이 외에도 호남석유화학은 롯데에, 호남에틸렌은 대림에, 대한반도체는 금성(LG)에, 한국전자통신은 삼성에 각각 인수되었다.

셋째, 재벌들은 수출지원정책에 의해서도 이중 삼중의 혜택을 받았다. 우선 수출신용장을 받는 즉시 수출금액의 70~90%에 해당하는 수출금융을 얻을 수 있었으며, 수출금융의 이자는 일반대출 금리보다 훨씬 낮았다. 예를 들면, 1969년에 일반대출 금리는 24.5%인데 비하여 수출금융의 금리는 6%에 불과하였고, 1974~1979년간에는 일반대출 금리 15.5~18.7%에 비해 수출금융 금리는 9.0%였다. 수출금융 이외에도 수출업자에게는 조세감면, 수출용 원자재 수입의 관세 감면, 전기료 및 철도 사용료 감면 등의 다양한 혜택이 주어졌다. 기업들은 수출을 늘리기 위해 혈안이 되었고, 심지어 수출액을 과대하게 혹은 허위로 늘리기도 하였다. 1975년에 도입된 종합상사는 재벌들의 수출 증가에 기여하였고, 재벌들은 그만큼 정부의 특혜를 많이 받을 수 있었다.

넷째, 부실기업의 정리도 재벌의 자본축적에 기여하였다. 무분별한 외자도입과 차입금 의존 경영으로 상당수의 차관기업이 부실기업으로 전락하였다. 정부는 1969~1971년에 세 차례에 걸쳐 부실기업을 정리하였으며, 부실기업을 인수하는 재벌계 기업들은 대출원리금 상환유예, 이자지급 면제, 한은의 특별융자, 조세감면 등 다양한 혜택을 받았다. 나아가서 정부는 부실 재벌들을 구제하기 위해 1972년에는 사채동결 및 금리인하 등을 주요 내용으로 하는 '8·3조치'를 단행하였다. 8·3조치에 의해서 기업의 고리사채를 저리의 은행차입으로 대환해줌으로써 부실 재벌기업들을 살려주었다.

다섯째, 정부의 중화학공업화 정책은 재벌의 성장에 결정적인 역할을 하였다. 1970년대 초 경공업제품의 수출이 한계에 부딪히고 1972년의 닉슨 선언으로 자주국방을 위한 방위산업의 육성이 긴급한 과제로 떠오르자, 정부는 1973년에 중화학공업의 육성을 천명하고 본격적 계획 수립에 착수하였다. 철강, 비철금속, 석유화학, 기계, 조선, 전자 등 6개 전략산업을 선정하고, 이에 소요되는 재원을 조달하기 위해 국민투자기금을 설치하는 한편 산업은행 자금, 수출산업 설비자금 등의 정책 금융도 이들 분야에 우선적으로 지원하였다. 재벌들은 6대 전략산업 가운데서 자신에게 적합한 분야에 적극적으로 진출하였다. 중화학공업은 처음부터 수출산업으로 육성되었기 때문에 신규 시설투자는 국제규모 이상의 현대화된 공장에만 허용되었다. 따라서 막대한 자금력이 필요한 중화학공업에는 상당한 자본을 축적한 소수의 재벌만이 참여할 수 있었다. 중화학공업화의 과정에서 오늘날의 대표적 재벌인 삼성, 현대, 대우, LG, 쌍용 등이 일류 재벌의 지위를 굳힌 것은 우연이 아니다.

재벌에 대한 특혜의 직접적인 부담자가 일반 국민임은 말할 필요가 없다. 그러나 박 정권의 성장 드라이브 정책은 반드시 성공적인 것만은 아니었다. 앞에서 보았듯이 수많은 부실기업을 양산하였고, 중화학공업의 과잉 중복 투자로 인해 귀중한 자원을 엄청나게 낭비하였다. 우리 경제는 이러한 박 정권의 무리한 성장정책의 대가를 1980년의 초유의 마이너스 성장을 비롯해 그 후에 톡톡히 치러야 했다. 그렇지만 한국 경제의 혼란은 재벌에게는 새로운 축적의 기회였으며, 소수의 재벌은 부실기업의 인수를 통해(1985년 5월부터 1988년 2월까지 여섯 차례의 부실기업 정리) 몸집을 크게 불려갔다. 어쨌든 재벌들은 박 정권의 비호 아래 급속히 성장하였다. 1970년에 126개에 불과하던 30대 재벌의 계열기업 수는 1979년에는 무려 426개로 팽창하였고, 재벌당 평균 계열기업 수는 4.2개에서 14.3개로 늘어났다. 구체적으로 보면, 1974년 말에 불과 9개의 계열기업을 갖고 있던 현대는 1978년 말에는 31개의 기업을 거느리게 되었으며, 삼성은 24개에서 33개로, 대우는 10개에서 35개로, LG는 17개에서

43개로, 효성은 8개에서 24개로, 선경은 8개에서 23개로, 쌍용은 17개에서 20개로, 금호는 9개에서 17개로, 롯데는 6개에서 18개로 계열기업 수를 각각 2~3배씩 확장하였다.

경제성장의 그늘: 근로대중의 무권리와 희생

우리나라 경제가 고도성장을 구가하고 있던 1970년 11월 13일, 청계천 평화시장의 재단사 전태일은 「근로기준법」 책자를 가슴에 품고 분신자살하였다. 전태일의 분신에 의하여 숨겨져 있던 심각한 노동문제가 사회의 전면에 부상되고 노동운동이 본격화되는 계기가 되었다. 당시 박 정권은 노동운동을 하는 사람들을 빨갱이라고 철저하게 탄압하였다. 그러나 우리의 '아름다운 청년 전태일'은 불길 속에서 "근로기준법을 준수하라", "우리는 기계가 아니다", "일요일에 쉬게 하라", "노동자들을 혹사하지 말라"라고 외치면서 노동자의 최소한의 인간적 권리를 주장하였을 따름이다. 전태일은 "내 죽음을 헛되이 말라!"라고 외친 후 "배가 고프다……"라는 말을 마지막으로 남긴 채 그날 밤 운명하였다.

그러면 전태일이 죽음으로 항의한 평화시장 2만여 노동자의 근로조건을 간단히 보기로 하자. 우선 임금(평균 월급)을 보면, 재단사(주로 23~50세의 남자로서 총 1,200여 명)는 3만 원, 미싱사(주로 18~23세의 여성으로 총 1만 2,000여 명)는 1만 5,000원, 시다(13~17세의 어린 소녀들로 총 1,200여 명)는 한 달에 3,000원을 받았다. 경제기획원이 조사한 1970년 4/4분기 전 도시 노동자 월평균 가계지출이 3만 4,200원이었는데, 평화시장 노동자들 가운데서 핵심적인 위치에 있는 재단사의 월평균 임금이 3만 원이었으니 가계지출에도 미치지 못하였다. 노동자의 대부분을 차지한 미싱사는 미혼 여성으로 혼자 생활을 겨우 꾸려나가는 처지였고, 5년 정도 일해야 미싱사가 될 수 있는 시다(미싱사 보조)는 식비조차 벌 수 없었다. 이런 저임금을 받으며, 평화시장의 노동자들은 하루 13~14시간, 한 달에 28일을 일하였다. 저임금과 장시간 노동으로 전체 근로자가 신경성 소화불량, 만성 위장병, 신경통 등의 질병을 앓고 있었고, 시다들은 만성적인 영양실조에 시달렸다.

전태일이 분신자살한 평화시장은 「근로기준법」조차 적용되지 않는 고도성장정책의 사각지대 중에서도 열악한 경우라고 할 수 있지만, 다른 곳의 생산직 노동자도 그 처지가 평화시장의 노동자와 크게 다르지 않았다. 1970년에 우리나라 노동자는 주당 평균 53.6시간 (제조업의 경우)으로 세계 최장(最長)의 노동에 시달리고 있었으며, 도시 근로자 세대주의 근로소득은 최저생계비의 75% 수준에 지나지 않았다.

전태일의 분신을 계기로 노동자들이 자신의 권리에 눈을 뜨고 열악한 노동조건에 대해 저항하기 시작하자 박 정권은 강력한 노동운동 탄압정책을 실시하였다. 1972년의 10월 유신헌법과 뒤이은 노동관계법의 개정은 노동자의 단체교섭권과 단체행동권을 크게 규제하였으며, 노동조합을 유명무실한 존재로 전락시켰다. 나아가 노동운동 자체는 노동관계법 이외에도 집회 및 시위에 관한 규제의 강화에 의해서도 크게 위축되었다. 정부의 철저한 노동운동 탄압 속에서 한국노총을 비롯한 조직 노동운동은 유신체제에 안주한 채 사실상 노동운동을 포기하고 유신체제가 표방한 노사협조주의를 그대로 수용하여 경제투쟁에서조차 소극적 자세를 취하였다. 유신 체제의 폭력 앞에 노동자는 무권리 상태로 노출되고 말았다.

유신체제하에서도 한국 경제는 석유 위기의 일시적인 불황을 극복하고 고도성장을 지속하였다. 그러나 노동자의 경제적 지위는 별로 개선되지 않았다. 광공업노동자의 주당 노동시간은 1970년의 53.6시간에서 1976년에는 59시간으로 증가하였고, 생산직 근로자는 여전히 저임금에 시달리고 있었으며, 전문기술직·관리직과의 임금격차는 현저하게 확대되었다. 학력별, 성별, 기업규모별 임금격차도 확대되었으며, 노동자의 실질임금 상승률은 언제나 노동생산성의 상승률에 미치지 못하였다. 또한 노동자의 산업재해도 급증하였다. 재해자 수는 1972년의 4만 6,603명에서 1978년에는 13만 9,242명으로 6년 만에 약 3배나 크게 늘어났으며, 재해발생율도 유신 말기에는 오히려 높아지는 추세였다. 그리고 재해로 인한 사망자의 수도 1972년의 658명에서 1978년에는 1,397명으로 증대하였다.

한편 박정희 시대에 고도성장을 뒷받침한 저임금·장시간 노동력의 주된 공급원은 농촌이었다. 1950년대에 우리 농민의 대부분은 극단적인 빈곤에 신음하고 있었다. 1957년의 한 조사에 의하면 농민의 약 절반이 하루 세 끼의 식사조차 제대로 할 수 없는 절량농가였다. 농민들은 풀뿌리와 나무껍질로 허기진 배를 채우며 보릿고개(가을에 추수한 식량은 다 떨어지고 아직 보리가 수확되기 직전의 춘궁기)를 넘어야 했다. 농가경제의 만성적인 적자로 인해 농가의 빚은 누적되었는데, 이 시기의 농가부채의 대부분은 고리의 사채였다. 1956년의 한 조사에 따르면 농가부채의 80%가 사채이고, 사채의 대부분은 이자율 연 60% 이상의 고리채였다. 당시 농민들의 참상을 미루어 짐작할 수 있을 것이다. 오죽하였으면 박정희 군사정권이 5·16 쿠데타 후 민심수습을 위한 첫 조치로 내놓은 것이 농어촌 고리채 정리사업이었겠는가.

1960년대에 우리 농촌은 1950년대의 극단적인 빈곤에 비하면 어느 정도 나아졌다고는 하나 여전히 절대적 빈곤을 벗어나지 못하고 있었다. 이러한 가난한 농민과 그 자녀가 바로 수출지향적 공업화에 '무제한적인 노동공급'의 주요한 공급원으로 작용한다. 다시 말해 초기 공업화 단계에서는 먹여주고 재워주기만 해도 일하고자 하는 값싼 노동력이 농촌에 풍부하게 존재하였던 것이다. 또한 공업화가 진전되면서 도시와 농촌 간의 격차가 날로 확대되자 농촌의 젊은 남녀는 도시의 일자리를 찾아, 혹은 도시의 환상에 홀려 농촌을 떠났다. 1960년대 전반에는 매년 19만 명에 지나지 않았던 순이농인구(이농인구: 귀농인구)가 1960년대 후반에는 삼남 지방의 흉년의 영향도 받아 50만 명으로 급증하였고, 1970년대 전반에는 37만 명으로 일시 감소하였으나 1970년대 후반에는 다시 51만 명으로 증가하였다. 1960년대 전반에는 농촌인구 100명 가운데 일 년에 1.3명이 농촌을 떠났다고 하면, 1970년대 후반에는 매년 3.7명이 농촌을 떠난 것이다. 그리고 이농인구의 60% 이상은 20세 미만의 젊은 층이었다.

많은 농민들이 농촌을 떠나 도시의 판자촌을 형성하였다. 그러나 당시의 서울은 이들 농민들에게 판자촌을 허용하기에도 이미 만원이었다. 서울의 청계천 일대를 비롯해 판자촌 주민들은 강제 철거되어 광주(지금의 성남시)로 강제 이주당하였고, 1971년에 극도의 불안정한 생활고에 시달린 6만여 명의 광주 주민이 집단적 시위를 벌였으나, 공권력은 이들을 폭도로 규정하고 무력 진압하였다. 이제 농촌의 피폐는 농촌만의 문제가 아니라 사회 전체의 안정을 위협하는 심각한 단계에 도달하였다.

박 정권은 농촌문제의 심각성은 잘 알고 있었지만, 문제의 원인이나 처방은 올바르게 알지 못하였다. 농촌문제의 원인을 잘못된 경제정책이 아니라 농민의 게으름 탓으로 돌리고, 농업과 농촌에 대한 투자를 통해서가 아니라 농민의 정신 자세를 바꿈으로써 농촌문제를 해결하려고 하였다. 새마을운동이 그것이다. 마을회관 스피커에서 울려 퍼지는 "새벽종이 울렸네, 새 아침이 밝았네, 우리 모두 일어나 새마을을 가꾸세"의 요란한 새마을 노래에 맞추어 일터로 향하며, 우리 농민들은 "우리도 한번 잘살아보세"를 다짐하면서 열심히 일하였다. 새마을운동은 농민들의 잘살아보겠다는 의지를 자극하여 농촌의 외형적인 모습을 새롭게 바꾸어놓았다. 그러나 그것은 소득 증대에는 거의 기여하지 못하고 겉치장에 주력하여 과중한 농민부담과 소비조장으로 농가경제를 더욱 압박하는 외화내빈(外華內貧)을 초래하였다. 그 결과 한때 요원의 불길처럼 타오르는 듯하던 새마을운동은 점차 농민의 배척을 받게 되고, 강제부역에 지친 농민들은 새마을의 '새' 자(字)만 들어도 고개를 가로저었다. 새마을운동의 실태가 이러함에도 불구하고 정부는 텔레비전을 통해 "좋아졌네 좋아졌어, 몰라보게 좋아졌어"를 선전하기에 여념이 없었다.

새마을운동에 못지않게 1970년대 농촌에 커다란 충격을 준 것은 벼농사에 다수확 신품종을 도입한 것이다. 정부는 당시의 부족한 식량문제와 식량수입의 증대에 따른 외환위기를 벗어나기 위해 모든 행정력을 동원하여 신품종의 보급에 열을 올렸다. 신품종의 최대 장점은 말할 나위 없이 다수확이다. 정부는 다수확 신품종의 보급을 위해 정부의 벼 수매가격을 인상하고 신품종을 우선적으로 수매하였다. 1971년부터 시험 도입된 통일계 신품종은 정부의 당근(다수확과 신품종 우선 수매)과 채찍(강제적 보급)에 의해 절정기인 1978년에는 전체 논 식부면적의 76%를 차지할 만큼 빠른 속도로 보급되었다. 그러나 승승장구하던 신품종은 1978년의 노풍 피해를 고비로 급속히 쇠퇴한다. 1980년의 쌀 생산량은 약 2,470만 석으로 1979년의 3,870만 석에 비해 무려 36%나 감소하였다. 1977년에 오랜 숙원이던 쌀 자급을 달성한 후 쌀막걸리의 생산을 허용하고 북한에 대해 쌀 원조를 제의하는 등 여유를 부리던 정부 당국은 크게 당황하여 미국과 장기간 안정적 쌀 수입을 약속하는 불평등계약을 맺고 국내 생산량에 관계없이 5년간에 걸쳐 막대한 양의 쌀을 수입하였다. 이렇게 도입된 수입 쌀로 인해 1980년대 내내 우리 쌀은 공급과잉으로 인한 저가격에 시달려야 했다.

박 정권의 치적으로 늘 자랑하던 새마을운동과 통일벼 보급은 전시행정, 권위주의 농정의 표본이었으며, 그것들은 독재자 박정희의 죽음과 운명을 같이하는 신세가 되었다. 그러나 새마을운동과 통일벼 보급은 농촌사회에 커다란 변화를 가져왔다. 농가경제가 자급자족 단계에서 상품생산 단계로 전환되었고, 상품경제가 농촌사회에 깊숙이 침투되었다. 신품종 쌀은 처음부터 시장판매를 위한 생산이었다. 종래에 농민들이 농사지어서 먹고 남는 것을 시장에 내다 팔았던 것에 비하면 엄청난 변화이다. 그리고 이제 농민들은 농사에 필요한 생산자재(농약, 비료, 사료, 농기계 등)를 시장에서 구입해야 할 뿐 아니라, 생활필수품도 시장에서 구입하였다. 더욱이 텔레비전의 보급은 농촌의 소비생활을 크게 바꾸어놓았다. 텔레비전은 자본주의의 소비문화를 농촌에 침투시키는 첨병 역할을 톡톡히 해냈다. 또한 농민들은 자식만은 농사를 짓지 않고 살 수 있도록 하겠다는 일념으로 무리하게 교육에 투자하였다. 따라서 박정희 시대에 농민의 수입은 늘어났지만, 그보다 더 빠른 속도로 지출이 증대하였기 때문에 농민의 경제생활은 나아지지 않았다.

돈 씀씀이가 헤퍼진 만큼 농민들은 돈을 벌기 위해 상업적 작물의 생산에 더 많은 힘을 기울였으나 자금력의 부족으로 중간상인의 농간에 놀아나기 일쑤이고, 게다가 조금 값이 괜찮을 만하면 정부는 물가안정을 내세워 값싼 외국 농산물을 무차별 수입하였다. 되풀이되는 파동(배추 파동, 무 파동, 고추 파동, 돼지 파동, 소 파동)에 쌓이는 것은 농가부채였다. 정부의 공식통계에 의하면 1970~1980년 10년 간에 농가 호당 평균 농업소득은 19만 원에서 175만 원으로 9배 증가하고, 농가소득(농업소득＋농외소득)은 26만 원에서 270만 원으로 10.5배 증가한 반면에, 농가부채는 1만 6,000원에서 34만 원으로 무려 21배나 증가하였다. 이 시기에 농가부채는 대략 절반은 농협 빚이고 절반은 사채(私債)였다. 연체이자가 2부 5리나 되는 조합 빚도 무섭지만, 더욱 무서운 것은 사채 이자이다. 사채 이자는 대략 현금이면 월 4부이고, 현물이면 쌀 한 가마에 세 되였다. 이는 1960년대에 비하면 다소 낮아지기는 하였으나 여전히 엄청난 고리채(高利債)였다. 한번 빚을 지면 여간해서 벗어나기 어려운 것이 농민의 숙명이었다.

고도성장을 구가하던 박정희 시대에 우리 농촌에서는 장가를 가지 못해 농약을 마시고 자살하는 농촌 총각이 한 사람 두 사람 늘어나고 있었다. 그리고 더 이상 아기의 울음소리를 들을 수 없는 농촌 마을도 하나둘 늘어가기 시작하였다. 농촌은 자연 양로원으로 바뀌어가고 있었다. 이 모든 어두운 그늘이 정부의 수탈적 농업정책과 권위주의 농정 때문이라고 의식하기 시작한 농민들은 자신들의 권리를 찾기 위해 농민운동을 시작하였다. 박 정권은 노동운동과 마찬가지로 농민운동도 반공 이데올로기를 앞세워 철저하게 탄압하였다. 심지어 농민의 자주적 조직이어야 할 농업협동조합마저 정부의 통제하에 두고 농촌 지배를 위한 도구로 사용하였다. 농협은 원래의 이념대로라면 경제적 약자인 농민들이 서로 협동하여 자신들의 경제적·사회적·정치적 권익을 신장하기 위해 결성한 자주적 조직이어야 한다. 그렇지만 우리나라 농협의 뿌리는 식민지 농업을 지배하기 위해 일제(日帝)가 만든 금융조합이다. 그리고 박 정권은 5·16 군사 쿠데타 이후 '농민은 민주적 역량이 없다'는 구실을 앞세워 「임원 임면에 관한 임시조치법」을 제정해 농민의 조합장 선출권을 박탈하고 정부가 실질적으로 임명하였다. 임시조치법은 박 정권 18년 내내 지속되었다.

청산해야 할 박정희 시대의 유산

박정희 사후 우리 경제는 우여곡절을 겪으면서도 빠른 성장을 지속해 왔다. 1996년에는 1인당 국민소득이 1만 달러를 넘어섰고, 27번째로 OECD의 회원국으로 가입함으로써 정부는 우리나라가 이제 선진국 진입의 문턱에 들어섰다고 선전하였다. 사실 지난 30여 년간 우리 경제가 달성한 경제성장은 괄목할 만한 것이고, 많은 저개발국의 부러움을 사기에 충분하다. 그러나 우리는 그와 같은 경제성장이 박정희나 전두환, 노태우와 같은 군부독재의 덕분도 아니고 김영삼의 엉터리 문민정부의 덕분도 아닌 근로대중의 피와 땀의 대가이며, 그럼에도 불구하고 경제성장의 과실(떡)은 재벌의 몫이었고, 근로대중은 언제나 떡고물을 만지는 것에 만족해야 했다는 사실을 간과해서는 안 된다. 그런데 최근 우리 경제가 심각한 위기 국면에 처하자, 재벌을 비롯한 기득권 세력은 근로대중에게 나누어 준 떡고물조차 회수하려고 하면서 또다시 근로대중의 무권리와 희생을 강요하려고 한다. 이것이 이른바 신자유주의 이데올로기를 앞세운 박정희 신드롬의 본질이다.

오늘날 우리 경제가 직면하고 있는 심각한 위기는 근로대중이 허리띠를 졸라매고 기득권 세력에게 순종한다고 해결될 수 있는 것은 아니다. 금년(1997년)에는 달러로 표시한 1인당 국민소득이 1980년에 이어 사상 두 번째로 감소할 전망이다. 환율이 연일 최고치를 기록하면서 급등하고 주식가격이 폭락하자 금융대란설도 설득력을 더해가고 있다. 적지 않은 국내외 경제 전문가들이 우리나라가 자칫 멕시코처럼 나라 경제 전체의 부도사태를 맞지 않을까 우려하고 있다. 우리 경제가 다시 회생을 할지 또는 멕시코와 같은 나락으로 떨어질지는 지금으로서 예측하기가 쉽지 않다. 그만큼 우리 경제의 전망이 불투명하기 때문이다. 그런데 설사 우리 경제가 현재의 위기를 극복하고 일시적으로 활력을 되찾는다고 하더라도(진정으로 그렇게 되기를 바라지만), 그것으로 문제가 해결되는 것은 아니다. 경제위기의 원인은 좀 더 근원적이고 구조적이기 때문이다.

　　최근 경제위기의 주범은 재벌이다. 몇몇 재벌 그룹이 부도를 내고 기업들의 대량 도산이 연쇄적으로 이어지면서 우리 경제가 엄청난 혼란에 빠진 것이다. 아직 부도를 내지 않은 재벌 그룹들도 극심한 경영난을 겪고 있고, 언제라도 도산할 위험에 노출되어 있다. 그동안 정부의 특혜와 차입금으로 무책임하게 양적 성장을 추구해 온 재벌 경제의 문제점이 본격적으로 노정되고 있는 것이다. 최근 금융위기의 근본적 원인은 만성적인 국제수지 적자이다. 1986~1989년의 일시적인 국제수지 흑자를 제외하면 우리 경제는 만성적인 국제수지 적자에 시달려왔으며, 적자액은 1990년의 22억 달러에서 1996년에는 무려 237억 달러로 증대하였고, 그 결과 대외 총외채도 1,000억 달러를 넘어섰다. 이는 말할 필요도 없이 우리 경제의 체질이 수입유발적인 데다가 최근 국제경쟁력을 급격히 상실하였기 때문이며, 그 직접적 원인은 재벌 경제체제의 대외의존성과 비효율성이다. 더욱이 지나치게 급속히 진행된 자본시장의 개방으로 인해 우리 경제가 외국의 투기적 자본에 노출된 것이 금융혼란을 부채질하고 있다.

　　이렇게 볼 때, 최근의 경제위기는 대내적인 불균형과 불평등, 그리고 대외적인 종속이라는 우리 경제의 구조적 취약성(문제점)이 한꺼번에 폭발한 것이라고 볼 수 있다. 대내적인 불평등과 대외종속은 박정희 시대의 성장제일주의 정책이 물려준 유산이며, 그 후 한 번도 청산의 기회를 갖지 못하고 오히려 심화되어 왔다. 우리에게 절실한 과제는 박정희 시대의 유산을 하루속히 올바르게 청산하는 것이다. 그것 없이 우리 경제의 선진경제로의 발전은 불가능하다. 청산의 제일 과제는 재벌체제의 해체이다. 소수의 가족이 우리 경제를 좌지우지하는 재벌체제는 우리 경제의 비효율성의 근본적 원인이며 정경유착과 부정부패의 원흉이다. 재벌체제를 해체하여 소유와 경영이 분리되는 독립적인 대기업 체제로 전환하고, 중소기업이 국가경제의 기초가 될 수 있도록 육성해야 한다.

둘째로, 서울공화국이 해체되어야 한다. 박정희식의 중앙집권적 대도시 중심 개발전략은 우리나라 경제력의 절반 이상을 서울에 집중시키고, 6대 도시에 전국 인구의 2/3가 밀집되는 결과를 가져왔다. 재벌들은 부동산 투기에 열을 올리고, 우리나라의 땅값은 세계 최고 수준으로 상승하였다. 집적의 불경제(심각한 도시문제)로 국가경제의 효율성이 낮아지고, 지역 간 불균형과 도시와 농촌 간 격차가 심화되는 가운데 농업 해체와 농촌의 황폐화가 진행되고 있다.

셋째로, 근로대중의 정치적·경제적 무권리 상태가 해체되어야 한다. 1987년 6월 민주항쟁과 7~8월의 민중항쟁은 박정희와 그 후계자들의 억압적 통치방식에 대해 근로대중이 몸으로 저항한 것이다. 근로대중의 무권리와 희생은 더 이상 받아들여질 수 없고, 그러한 억압방식으로는 우리가 당면한 문제를 해결할 수도 없다. 성장의 과실을 정당하게 근로대중에게 분배하고, 근로대중의 창의적 에너지를 민주적으로 동원할 수 있는 체제로 바꾸지 않으면 안 된다.

박정희식의 경제성장 제일주의는 경제의 양적 성장에는 매우 유효한 방식이었다. 그러나 당근은 재벌에게, 채찍은 근로대중에게라는 박정희식의 억압체제로는 더 이상 경제성장 자체가 불가능하다. 그러한 전근대적 방식으로는 날로 격화되고 있는 국제경쟁에서 살아남을 수가 없고, 근로대중이 더 이상 그것을 용인하지도 않을 것이기 때문이다. 국내적 불평등과 대외종속성을 구조적 문제로 하는 한국경제의 재생산구조(재벌체제)를, 내부순환성(국내산업 간 관련성)이 높고 성장의 과실이 재벌을 비롯한 소수의 자본가계급에게 귀속되는 것이 아니라 다수의 근로대중에게 돌아가는 민주적 경제체제로 바꾸어야만 한다.

그러나 이것은 용이한 일이 아니다. 개혁의 대상인 재벌을 비롯한 기득권 세력은 보수 언론을 동원하여 "아, 옛날이여……"를 노래하며 죽은 박정희를 무덤에서 불러내면서까지 개혁을 거부하고 있는 것이다. 세상이 어지럽고 미래에 대한 전망이 불투명하면 사람들은 언제나 '구관이 명관'이라는 복고적 심리상태에 빠질 수 있다. 박정희는 명관도 아니었고, 박정희식의 독재가 21세기의 한국 사회를 지배할 수는 없다. 재벌은 우리 사회의 공룡이다. 공룡은 자신의 먹이를 모두 먹어치운 후 더 이상 먹을 것이 없자 스스로 멸망하여 역사에서 사라졌다. 재벌이 우리 경제를 파멸로 이끌기 전에 근로대중이 역사의 주인으로 나서야 한다. 역사는 언제나 피지배자에 의해서 전진하였다.

(『지식의 세계』1, 동국, 1998.3.)

근대화 물결에 떠내려간 농촌

　1995년 말 필자는 충청남도의 두 마을을 조사하고 놀라운 사실을 발견하였다. 두 마을의 전체 세대 수는 131호인데, 그 가운데 27호가 할머니 또는 할아버지 혼자 사는 세대였다. 여기에 할아버지와 할머니 두 사람만 사는 세대를 포함하면 전체 세대 수의 약 절반에 달한다. 농촌 마을이 빠른 속도로 자연 양로원으로 바뀌고 있는 것이다. 그리고 두 마을의 전체인구는 1990～1995년 사이에 489명에서 407명으로 5년 동안에 17%나 감소하였다. 이농으로 농촌인구가 줄어드는 것은 새삼스러운 일이 아니지만, 요즈음에는 새로 태어나는 아이는 적고 돌아가시는 노인은 많아서 이른바 인구의 자연적 감소가 진행되고 있다. 농촌 지역의 과소화 또는 공동화가 참으로 심각한 상황에 달하고 있다. 우리나라 농촌 사람들도 이제는 도시 사람들처럼 텔레비전이나 냉장고를 비롯해 가전제품을 사용하고 심지어 승용차를 보유한 세대도 적지 않다고 하는데, 어째서 이런 일이 일어나고 있는 것일까. 이러한 의문에 대한 대답의 실마리를 우리는 이른바 조국 근대화의 급류 속에서 일그러져 간 농업과 농촌의 모습에서 찾을 수 있다.

피폐한 농촌과 떠나는 농민

해방 직후 우리나라는 가난한 농업국이었다. 전체인구 100명 중 80명 이상이 농촌에 살고 있었고, 취업자의 약 80퍼센트가 농민이었다. 그리고 그들의 대부분은 식량조차 모자라는 극단적인 빈곤에 신음하고 있었다. 이러한 사정은 1950년대에도 조금도 나아지지 않았다. 1957년의 한 조사에 의하면 농민의 약 절반이 하루 세 끼의 식사조차 제대로 할 수 없는 절량농가였다. 이 시기에 농민들은 보릿고개라는 참으로 넘기 어려운 고개를 매년 힘겹게 넘겨야 했다. 먹을 것이 모자라는 농민들은 풀뿌리와 나무껍질로 허기진 배를 채워야 했다. 정부의 양곡수탈정책과 저곡가정책으로 인해 농민은 만성적인 적자에 시달리고, 농가의 빚은 누적되었다. 이 시기에는 농업 관계 금융기관이 아직 발달되지 않았기 때문에 농가부채의 대부분은 고리의 사채였다. 대부분의 농민이 연간 이자율 6할 이상의 고리채에 신음하고 있었다. 더욱이 이 시기에는 현금부채보다도 현물부채(이른바 장리 쌀)가 일반적이었는데, 현물의 경우 이자는 쌀 한 가마에 세 되였다. 물가상승을 고려하면 가히 살인적인 이자라고 할 수 있다.

오죽하였으면 대통령 선거(1963년)에서 "배고파 못 살겠다, 죽기 전에 갈아치자"라는 선거구호가 등장하였겠는가. 5·16 군사 쿠데타에 성공한 박정희 군사정권은 민심 수습을 위해 집권하자마자 농어촌 고리채 정리사업(1961년 5월 25일 농어촌고리채정리령 공포)을 실시하는 한편, 중농정책을 표방하였다. 농산물의 적정가격 유지를 위한 「농산물가격유지법」을 제정(1961년 6월 27일)하는 한편, 농업금융과 영농 활동을 효과적으로 지원하기 위한 종합농협의 설립을 위해 「농업협동조합법」을 제정 공포(1961년 7월 29일)하였다. 또한 농업 증산계획을 수립함과 동시에 농지개발정책을 실시하는 등 식량증산을 위해서도 노력하였다. 그러나 5·16 군사정권의 중농정책은 구호에 그치고, 곧이어 추진된 성장제일주의 공업화 정책에 휩싸여 농업 수탈정책으로 탈바꿈하였다. 군사정권은 농산물가격의 지지보다는 저임금을 위한 저농산물가격을 선호하였고, 식량의 국내 증산보다는 값싼 외국 농산물의 수입을 선호하였다.

1960년대에 우리 농촌은 절대적 빈곤을 벗어나지 못하고 있었고, 공업화로 인해 도시와 농촌의 격차는 날로 확대되었다. 농촌의 젊은 남녀는 도시의 일자리를 찾아 혹은 도시의 환상에 홀려 농촌을 떠났다. 그러나 그들을 기다린 것은 10~14시간의 중노동과 건강조차 유지하기 어려운 저임금이었다. 1970년 가을 서울 평화시장의 노동자 전태일은 분신자살로 이러한 열악한 노동조건에 저항하였다. 1968년의 삼남 지방의 대흉년으로 수많은 농민들이 남부여대(男負女戴)하여 무작정 서울로 상경하였다.

관료주의적 전시 농정의 표본, 새마을운동

새마을운동은 농민의 근면·자조·협동 정신을 강조하였다. "깨끗한 환경에 건전한 정신이 깃든다"라는 슬로건 아래, 정부는 시멘트와 철근 등을 보조하며 농민의 노동력을 동원하여 마을 안길 넓히기, 소하천 가꾸기, 지붕 개량 등 환경개선사업을 대대적으로 추진하였다. 환경개선사업뿐만 아니라 소득증대사업을 비롯해, 1970년대에 농촌에서 벌어진 사업에 새마을 자(字)가 붙지 않은 사업이 없을 정도였다.

그러나 새마을운동은 농민의 자율성과 자발성을 무시한 채, 관(官)에 의해서 강제적으로 추진된 전시(展示)행정의 표본이었다. 새마을운동의 주체는 농민이 아니었고, 그것의 목적은 농민의 복지 향상이 아니라 윗사람에게 잘 보이는 것이었다. 농촌작가 이문구 씨의 소설 『우리 동네』에 묘사된 새마을운동(퇴비증산 운동)의 실태를 보자. 부면장은 민방위교육에서 퇴비증산 방법이 아니라 다음과 같이 퇴비 화장술(?)을 가르친다.

위에서 누가 원제 와서 보자구 헐는지 알 수 읊으닝께, 퇴비장 앞에는 반드시 패찰과 척봉(尺棒)을 꽂으시구, 지붕 개량 허구 남은 썩은새나 그타 여러 가지 찌끄레기루 쌓신 분들은 흔해터진 풀 좀 벼다가 이쁘구 날씬허게 미장을 해 주서유.

새마을 사업 실태조사를 하면서 내가 경험한 웃지 못할 에피소드를 하나 소개하기로 하자. 내가 방문한 집은 이태 전에 초가지붕을 슬레이트 지붕으로 바꾸었다고 한다. 지붕은 빨간 페인트로 예쁘게 단장되어 있었다. 그런데 이상한 것은 처마 밑에 굵은 장대가 지붕을 받치고 있었다. 이유를 물어본즉, 낡은 토담 벽에 슬레이트 지붕을 얹고 보니 지붕 무게를 견디지 못하여 집이 옆으로 기울어져서 그것을 받치고 있다는 것이다. 당시 초가지붕은 낙후한 농촌의 상징이라 하여 공무원들이 강제로 짚을 벗기고 다니는 형편이었으니, 지붕 개량을 하지 않고 버틸 재간은 없었을 것이다.

새마을운동은 협동을 강조하였다. 농민들은 많은 협동사업을 하였다. 그러나 그것은 자발적인 협동이 아니라 관에 협동정신을 보이기 위한, 또는 관의 지원을 받기 위한 협동이 대부분이었다. 아무도 이용하지 않는 창고가 마을 외곽에 지어지고, 농민에게 빚더미만 안겨준 골칫덩이 정미소가 이 마을 저 마을에 세워졌다. 농민들은 협동하여, 고속도로에서 잘 보이는 곳부터 먼저 보리나 벼를 수확하였다.

농촌사회를 뒤바꾸어 놓은 다수확 신품종의 도입

새마을운동에 못지않게 1970년대 농촌에 커다란 충격을 준 것은 벼농사에 다수확 신품종을 도입한 것이다. 정부는 다수확 신품종의 보급을 위해 정부의 벼 수매가격을 인상하고 신품종을 우선적으로 수매하였다.

벼의 수확량이 증대하고 가격도 높아졌으니 농민들은 당연히 신품종을 선호해야 한다. 그러나 많은 농민들은 신품종을 거부하였다. 그 이유는 농민이 무지해서도 아니고, 변화를 싫어하는 보수성 때문도 아니다. 우선 관리들에게 오랫동안 무시당하고 속아 살아온 농민들은 누가 무슨 소리를 해도 믿으려고 하지 않는다. 게다가 신품종은 미질(米質)이 나빠 농민들이나 상인들이 기피하기 때문에 정부 수매 이외에는 쓸모가 적다. 또한 통일계통의 벼는 면역성이 약해 병충해가 빈발하는 것도 큰 흠이지만, 볏짚이 짧고 맥이 없어 가마니나 새끼를 꼬지 못하므로 농한기의 유일한 수입원인 볏짚 가공품을 생산할 수 없다. 더욱이 신품종을 심기 위해서는 물 사정이 좋아야 하고 노동력도 많이 필요하였다.

　다수확의 당근에도 불구하고 농민들의 저항으로 신품종 보급이 지지부진하자 '하면 된다'는 강력한 군인 지도자의 충실한 하수인들은 신품종 보급을 위한 채찍을 휘둘렀다. 다시 이문구의 『우리 동네』 최씨의 심경을 들어보자.

　요새 볍씨 가지구 시끄런 것 봐. 재래종 심으면 면이나 군에서 오죽 지랄허겄나. 통일베 안 심으면 면장이 직접 모판만 갈아엎는 게 아니라, 볍씨 담근 통에 마세트라나 무슨 약을 쳐놓서 싹두 안 나게 헌다는 겨, 군수가 못자리 짓밟을라구 장화 열다섯 켜리 사놓구 벼른다는 말두 못 들어 봤남…… 게 천상 통일베나 심으야 헐 텐디.

　어쨌든 신품종의 보급으로 우리나라의 벼농사 기술이 한 단계 발전하고 단위면적당 수확량도 크게 늘어남에 따라 쌀의 국내 자급 기반이 구축되었다는 것은 국민경제적으로 커다란 의의가 있다. 신품종은 농가경제에도 커다란 변화를 가져왔다. 종래 농민들은 자신이 생산한 농산물을 자가(自家) 소비하고 남는 것을 시장에 팔았다. 그러나 신품종 쌀은 처음부터 시장판매를 위한 생산이었다. 농가경제가 자급자족 단계에서 상품생산 단계로 전환된 것이다. 나는 신품종이 도입될 무렵 만난 시골 아주머니의 "쌀 생산이 늘어나고 쌀값이 올라가니 동네 인심이 사나워져서 못쓰겠다"라는 말씀을 아직도 생생히 기억한다.

상품경제의 진전과 늘어나는 농가의 빚

　수확량의 증대와 정부의 미가지지정책으로 농민들의 수입도 그만큼 늘어났다. 그러나 농민의 경제생활은 나아지지 않았다. 수입보다도 지출이 더 빨리 증대하였기 때문이다. 대부분의 농민들은 경영규모가 영세하기 때문에 생산량 증대에는 한계가 있다. 게다가 쌀값은 정부가 가격지지를 한다고 하지만 생산비에도 미치지 못하였고 다른 물가에 비하면 턱없이 낮았다.

　수입은 적은데 돈 쓸 곳은 어찌 그리도 많은지. 신품종은 농약이나 비료를 전보다 더 많이 먹었고, 노동력이 부족하니 농기계를 구입하지 않으면 안 된다. 자식도 남 못지않게 가르치지 않으면 농투성이를 대물릴까 두렵다. 더욱이 텔레비전의 보급은 농촌의 소비생활을 크게 바꾸어놓았다. 텔레비전은 자본주의의 소비문화를 농촌에 침투시키는 첨병 역할을 톡톡히 해냈다. 농민들은 도시 사람들을 흉내내어 전기밥솥은 말할 것도 없고 전기 프라이팬, 믹서, 보온병, 선풍기, 심지어는 세탁기, 냉장고까지 닥치는 대로, 형편이 안 되면 빚을 얻어서라도 사들였다. 향락문화가 농촌 깊숙이 들어와, 늘어나는 것은 술집이고 다방이었다. 또한 부동산 투기 바람이 적지 않은 농촌 마을을 휘저었다.

　돈 씀씀이가 헤퍼진 만큼 농민들은 돈을 벌기 위해 혈안이 되었다. 농민들은 정부가 권장하는 대로 뽕나무를 대대적으로 심었다. 농민들은 마늘도 심고 김장거리 배추도 심어보고, 돼지를 키우고 소를 길렀다. 그러나 뽕나무는 누에고치의 대일 수출이 중단되면서 빚만 안겨주었고, 이른바 상업적 농산물을 생산한 농민들은 자금이 없으니 장사꾼의 농간에 놀아나고 시장정보에 어두우니 뒷북치기 일쑤였다. 게다가 조금 값이 괜찮을 만하면 정부는 물가안정을 앞세워 외국의 값싼 농산물을 무차별 수입하였다. 되풀이되는 배추 파동, 고추 파동, 돼지 파동, 소 파동에 녹아나는 것은 농민이었다.

자신이 파는 농산물 값은 주는 대로 받고, 구입하는 물건 값은 달라는 대로 주는 부등가교환 아래서 농민들의 경제적 향상을 기대하기는 어렵다. 결국 쌓이는 것은 빚이다.

소작농민과 여성 농민의 고통

농촌에서 겪는 서러움 중에서 가장 큰 서러움이 땅 없는 서러움이다. 소작농민은 생산비도 건지지 못하는 농사를 일 년 내내 뼈 빠지게 지어서 수확물의 절반을 지주에게 바친다. 1970년의 농업 센서스에 의하면 우리나라 농지의 17.2%가 소작지이고, 다소간에 남의 땅을 부치는 소작농민은 전체 농민의 3분의 1이다. 이러한 소작농과 소작지는 1970년대 전반에 약간 줄었다가 1970년대 후반에 급속히 늘어났다. 전체 농지에서 소작지가 차지하는 비율은 1975년의 13.8%에서 1981년에는 22.3%, 1985년에는 30.5%로 늘어났다. 부동산 투기가 농촌에 확산되면서 농민들은 자신의 농지를 팔고 그 땅의 소작농으로 전락하였다. 소작농보다 처지가 못한 고지농(雇只農)도 적지 않았다. 고지농은 논을 대신 경작해 주는 대가로 대략 한 마지기(200평)에 쌀 닷 말의 고지(品삯)를 미리 받는다. 알기 쉽게 수확량의 6분의 1을 고지로 받는 것인데, 고지농은 논임자가 대주는 비료와 농약을 제외한 모든 영농비용을 스스로 부담해야 한다.

농민들 가운데서도 가장 힘든 것은 여성 농민이었다. 과거에 여성들은 집안일을 주로 하면서 틈틈이 농사일을 도왔다. 그러나 이제 그녀들은 농사일을 남정네보다 더 열심히 해야 한다. 집안일은 여전히 그녀들의 몫인데 과년한 딸들이 도시로 나가고 없어서 도와줄 사람이 없으니 가사노동도 더욱 힘들어졌다. 게다가 남정네들의 심한 여성 차별과 구박을 견디지 않으면 안 된다. 농촌 아낙네들은 쌓이는 스트레스를 풀기 위해 도시 사람을 흉내 내어 모여서 고고춤을 추기도 하고, 봄 관광을 간다. 고속도로 위를 달리는 관광버스 속에서, 그리고 유원지에서 술에 취하여 또는 맨 정신으로 몸을 마구 흔들어대는 농촌 아낙네들을 쉽게 볼 수 있게 된 것도 이 무렵이다. 그러나 사람들은 그녀들의 스트레스를 이해하기보다는 "여자들이……"라고 손가락질하고 비난하였다. 농사일, 집안일, 그리고 남정네들의 구박에 시달린 그녀들이 자기 딸을 농촌에 시집보내려고 하지 않는 것은 어찌 보면 너무도 당연하다. 농촌 총각이 장가를 가지 못하여 자살하였다는 신문 보도를 간간이 접하기 시작한 것도 이 무렵부터이다.

농협은 정부의 시녀이자 독점자본의 파이프라인

농촌에서 농민들의 생활과 가장 밀접한 관계에 있는 것이 농업협동조합(농협)이다. 농협은 원래의 이념대로라면 힘 약한 농민들이 서로 협동하여 자신들의 경제적·사회적·정치적 권익을 신장하기 위하여 결성한 자주적 조직이어야 한다. 농협의 주인은 농민이다. 그러나 농민들은 자신들이 농협의 주인이라고 생각하지 않는다. 우선 조합장을 농민들이 직접 뽑을 수 없다. 5·16 군사 쿠데타 후 '농민은 민주적 역량이 없다'는 구실을 앞세워 「임원 임면에 관한 임시조치법」을 제정하여 조합장을 중앙에서 임명하였다. 농민들은 농협을 '정부의 시녀'라고 생각한다. 농협의 뿌리가 식민지 농업을 지배하기 위해 일제(日帝)가 만든 금융조합이라는 역사적 사실과 함께, 농협이 하는 일이 농민들로 하여금 그렇게 생각하도록 만들었다.

농협의 가장 큰 사업은 농민들에게 영농자금과 생활자금을 대부하는 신용사업이다. 농협 돈은 사채보다는 이자가 싸기 때문에 농민들의 수요가 많다. 그런데 조합 돈 쓰기가 여간 까다롭지 않을 뿐 아니라, 마감도 되기 전부터 빚 독촉이 자심하다. 상환이 늦어지면 2부 5리라는 연체이자를 내지 않으면 안 된다. 추곡매상을 해 모처럼 만져본 현찰이 농협 빚을 갚고 나면 빈털터리다.

농협이 하는 또 다른 일은 농민들이 농사에 필요한 영농자재와 생활에 필요한 물건들은 판매하는 것이다. 이것은 구매사업이라고 하는데, 농협이 공동구매를 통해서 농민에게 도움을 준다는 뜻이다. 그러나 농민들은 이 구매사업에 대해 불만이 적지 않았다. 영농자재의 경우 일종의 정부대행사업으로, 농협이 독점적으로 공급한다. 그래서 농민들은 농협 이외에는 비료나 농약을 구입할 수 없었다. 농민들은 비료나 농약의 종류를 선택할 권리도 없고, 농협은 터무니없이 비싼 값에 끼워 팔기 등 횡포가 자심하였다. 게다가 비료를 사려면 조합은 출자를 강요하였다.

한편 농협연쇄점은 공산품의 전시장이다. 각종 전자제품에 라면, 화장품, 오토바이 등 없는 것이 없다. 농협이 농민의 구매편의를 도와주는 측면도 있지만, 농민의 소비를 조장하는 부작용도 있다. 많은 농민들은 농협에서 대부를 받아 텔레비전 등을 구입하였다.

반면에 농협은 농산물의 판매사업에는 거의 관심을 보이지 않았다. 농협의 사업은 본래 농산물의 공동판매사업이 중심이 되어야 한다. 그러나 판매사업은 힘이 드는 반면 이익을 남기기 어렵고, 자칫하면 조합이 적자를 보기 일쑤였다. 그래서 조합은 될 수 있으면 판매사업을 하지 않으려고 한다. 조합이 돈벌이가 되는 정부대행사업과 신용사업, 그리고 구매사업에 치중하고 농민의 농산물은 팔아주지 않으니 농민들은 농협을 '돈놀이하는 신용금고', '조합직원을 위한 조합', '대기업의 대리점'이라고 비난한다.

자신의 권리에 눈뜨기 시작한 농민

박탈의 시대 1970년대를 살던 우리 농민들은 자신의 권익을 스스로 지키기 위해 갖가지 노력을 전개하였다. 우리나라에서 권익신장으로서의 농민운동이 본격화되는 것은 1970년대 초반부터이다. 1970년대의 농민운동을 되돌아보면, 우선 농민들은 강제경작과 새마을사업의 강제집행, 농산물검사의 부정, 경지정리 부실공사, 을류농지세의 부당과세 등 관료주의적 횡포에 맞서 싸웠다. 또한 농협의 민주화 운동은 1970년대 농민운동의 중심적 과제였다. 농민들은 농협 임원의 정부 임명, 농협사업의 반농민성, 강제 출자, 강제 저축, 강제 판매 등에 항의하고 농민이 농협의 주인 되기 운동을 전개하였다. 1976년부터 3년간 지속된 '함평 고구마 사건'[1]은 농민들의 농협에 대한 불만과 저항을 상징하는 운동이었다.

농민들은 마을 단위로 스스로 협동하여 각종 경제사업을 전개하였다. 신용협동조합을 결성하여 농협의 횡포에 맞서 농민 스스로 신용사업과 구매사업을 전개하였고, 신협을 농민교육의 장으로 활용하였다. 그리고 부락 내 작목반 등 협동조직체를 만들어 부락개발사업을 추진하여 농민의 민주주의 훈련, 경영능력의 배양, 합리적 사고의 함양 등에 힘썼다. 농민들은 부락 단위에서의 경제적 협동운동과 민주주의적 훈련을 통해 지역 단위에서의 관료주의 및 농협의 횡포에 맞서 자신의 권익을 지키기 위한 운동을 전개하였다. 그리고 전국 단위에서는 농민의 권익신장을 위한 정치적 투쟁도 전개하였다. 농민들은 나날이 심각해지는 소작농 문제에 대해서 사회적 관심을 환기시켰고, 정부의 농산물 저가정책에 맞서 추곡수매 투쟁(수매가 인상과 수매량 증대 요구)을 전개하였으며, 무분별한 외국 농축산물 수입에 대한 반대운동도 전개하였다. 이 시기의 농민운동은 정치투쟁적 성격을 띠고 시작하였다. 1978년의 춘천 농민회 사건,[2] 1979년의 세칭 오원춘 사건[3]이 그 대표적인 예이다. 농민의 정치투

---

1) 함평 고구마 사건은 1976년 고구마에 대해 농협 도지부와 함평군 농협이 전량을 수매하겠다는 약속을 하고도 이를 이행하지 않음으로써 생산농가가 땀 흘려 수확한 고구마를 썩혀버리거나 헐값으로 방매하는 등 경제적 손실을 초래한 데서 발단이 되었다. 이 운동은 1976년 12월부터 본격적으로 시작되어 약 2년간의 끈질긴 투쟁 끝에 1978년 5월에 농민들의 피해보상 요구가 받아들여짐으로써 승리로 끝났다.

2) 춘천 농민회 사건은 1978년 한국 가톨릭 농민회 춘천연합회에서 발간한 농민회 홍보자료 가운데 학원시위에 관한 소식과 농정에 대해 정부를 비방하는 내용이 있다고 하여 3명의 간부가 긴급조치 9호 위반으로 구속, 실형을 받은 사건이다.

3) 1979년 경북 영양군 청기면 농민들이 군 및 농협이 알선한 감자 씨를 심었으나

쟁은 정부의 강력한 탄압으로 인해 상당한 한계가 있었지만, 이러한 운동을 통해서 농민의 정치의식은 성장하였고, 나아가서 1980년대와 1990년대에 전국적인 농민조직이 건설되는 데 적지 않은 기여를 하였다.

(한국역사연구회, 『우리는 지난 100년 동안 어떻게 살았을까』 2,
역사비평사, 1998.11.)

싹도 나지 않아 감자 농사를 망쳤다. 가톨릭 농민회 영양군 청기분회 회원들은 피해 상황을 조사하여 당국에 피해보상을 요구하였다. 회원 농민들의 끈질긴 활동과 가톨릭 안동교구 사제단의 지원으로 피해액 전액을 보상받았다. 그러나 1979년 이 보상 활동에 앞장섰던 청기 분회장 오원춘이 납치·감금·테러를 당했다. 오원춘의 양심선언과 안동교구의 폭로로 전국적인 사건으로 확산되었다. 이 사건으로 농민회는 극심한 탄압을 받았으나 농민운동의 질적 성장에 기여하였다.

제2부
우리도 긁을 수 있다

우리도 굶을 수 있다

　인간은 빵만으로는 살 수 없다. 이 말은 역설적으로 빵이 얼마나 중요한가를 잘 말해준다. 빵은 인간 생활의 전제이다. 그런데 21세기를 눈앞에 두고 과학기술문명이 고도로 발달하였다는 오늘날에도 인류는 빵을 해결하지 못하고 있다. 유엔 식량농업기구(FAO)에 따르면 전 세계에서 약 8억 명이 영양부족을 겪고 있다.

　한반도의 식량사정은 어떠한가. FAO는 지난해의 홍수 피해로 북한의 수백만 동포가 심각한 식량곤란에 처해있다고 한다. 남한 사회에서 굶주림은 더 이상 사회문제가 아니다. 오히려 요즈음은 포식과 비만을 걱정하는 사람이 적지 않다. 그러면 남한 사회에는 식량문제가 없는 것인가. 잘 보면 속 빈 강정이다. 우리는 지금 필요한 식량의 30%도 국내에서 자급하지 못하고 70% 이상을 해외에서 수입한다. 만약 긴급사태가 발발해서 식량을 수입할 수 없는 상황이 된다면, 국민 대부분이 기아에 허덕일 것이다. 잠재적 식량문제는 남쪽이 북쪽보다 더욱 심각할지도 모른다. 그럼에도 우리 국민 가운데서 실제로 식량문제를 심각하게 우려하는 사람은 많지 않다. 왜냐하면 우선 가장 중요한 식량인 쌀이 그동안 국내에서 자급되어 왔고, 비록 빚을 내기는 했지만 식량을 해외에서 필요한 만큼 사다 먹을 수 있었기 때문이다.

　과연 앞으로도 우리는 필요하면 언제라도 원하는 만큼 식량을 조달할 수 있을 것인가. 유감스럽게도 우리의 대답은 부정적이다. 우선 국제 곡물시장이 심상치 않다. 기상이변으로 세계 곡물 생산량이 크게 줄고, 곡물재고가 적정 수준을 크게 하회하면서 국제 곡물가격이 폭등하고 있다. 지난 1970년대 초의 식량위기가 수년 내 도래할 것이라는 경고의 목소리가 높다. 그뿐만 아니라 21세기의 장기적인 세계 식량수급 전망도 밝지 않다. 개도국의 인구 증가와 소득 증대로 곡물 수요가 빠르게 늘어나는 반면, 지구환경의 악화로 생산 증가는 오히려 둔화되어 국제적 식량부족 사태가 심각해질 전망이다. 2010년에는 국제 곡물가격이 지금보다 두 배 가량 상승할 것이라고 한다.

　좀 더 심각한 문제는 나라 밖보다는 안에 있다. 국제 식량 사정이 좋지 않다면 국내의 식량 생산능력을 강화해야 한다. 그런데 우리의 현실은 오히려 그 반대이다. 1994년에 우리나라의 전체 식량 자급률은 29%였고, 2004년에는 25% 이하로 떨어질 것으로 전망되고 있다. 더욱 심각한 것은 주식인 쌀의 자급 기반이 최근 급속히 와해되고 있는 점이다. 5년 연속 쌀 자급률이 100%에 미치지 못하고, 올해 자급률은 92%에 지나지 않는다. 내년 말에 국내의 쌀 비축량은 국민 소비량의 20일 분에도 미치지 못하는 200만 섬 이하로 줄어들 전망이다. FAO가 권고하는 적정 비축량인 두 달 치 600만 섬에 턱없이 모자란다. 이처럼 쌀의 자급 기반이 급속히 와해된 이유는 한 치 앞을 내다보지 못한 농정 당국이 쌀이 한때 과잉이라고 천덕꾸러기 취급했기 때문이다. 예로부터 먹는 것을 구박하면 천벌을 받는다고 하지 않던가.

쌀의 상당량을 수입해서 먹어야 한다면 참으로 걱정이다. 쌀은 다른 곡물과 달리 기본적으로 자급 곡물이기 때문에 국제교역량이 매우 적다. 더구나 국제적으로 교역되는 쌀의 90%는 인디카 계통이고, 우리 국민이 먹는 자포니카 계통 쌀의 교역량은 연간 150~200만 톤에 불과하다. 이것을 우리가 전부 수입한다고 해도 국민이 필요한 쌀 소비량의 3분의 1을 충족시킬 수 없다. 또한 소수의 거대 곡물상들이 국제 쌀 시장을 지배하고 있다. 언제라도 우리의 허점만 보이면 식량은 무서운 무기로 바뀔 수 있다.

수염이 석 자라도 먹어야 양반이라는데, 국민의 생명을 소수의 거대 곡물상의 손에 맡겨서야 나라의 안정이나 민족의 존엄성을 유지할 수 없다. 최소한 쌀은 100% 국내에서 자급하고, 전체 식량 자급률도 가능한 범위 내에서 제고시킬 수 있도록 모든 노력을 경주해야 한다. 또한 북한에 대해서도 단기적으로 긴급 식량지원을 확대해야 하지만, 장기적으로는 경지 기반 정비 및 농업생산자재의 생산 시설 지원을 통해 식량생산 기반을 강화하도록 도와주는 것이 바람직하다.

("생각하는 경제", ≪한겨레21≫, 1996.1.18.)

묵은 쌀 처리안 빨리 세워야

올(2002년) 쌀농사도 이대로 가면 풍년이 예상된다. 그런데 푸른 들녘을 바라보는 농민들의 마음이 예전 같지 않다. 가을의 풍성한 결실에 대한 기대보다, 지난해처럼 올해에도 쌀값이 폭락하는 악몽이 재현될까 밤잠을 설친다. 올 수확기 쌀값은 서둘러 특단의 대책을 세우지 않으면 지난해보다 더 떨어질 것으로 예상되기 때문이다.

쌀 재고량이 올 10월 말에는 지난해보다 390만 석이 늘어난 1,380만 석에 이를 전망이다. 이는 적정 재고량의 2배에 달하는 양이다. 쌀 과잉재고와 쌀값 하락의 일차적 책임은 쌀 수급조절에 실패한 양정 당국에 있다고 할 수 있다. 따라서 양정 실패의 책임을 엄중히 따져 다시는 실패가 되풀이되지 않도록 해야 할 것이지만, 지금 무엇보다도 시급한 일은 쌀 과잉재고 처리대책을 서두르는 일이다. 이대로 가면 저장할 창고가 모자라 수확기 쌀 수매에도 지장이 있을 것으로 우려된다.

쌀을 비롯해 곡물의 과잉생산으로 고민하는 것은 비단 우리만은 아니다. 미국, 유럽, 일본 등 OECD 국가 모두에 공통된 현상이다. 쌀 과잉재고는 다른 나라의 경험에 비추어보면 국내외 식량원조, 사료용, 가공용 등으로 처분할 수 있다. 정부는 그동안 가공용으로

100만 석을 처분하였지만, 이 정도로는 현재의 과잉재고 처리에 턱없이 부족하다. 추가로 400~500만 석 정도는 처리해야 쌀 과잉에 숨통이 트일 것이다. 이를 위해서는 사료용과 해외 식량원조로 처분할 수밖에 없는데, 여기에 대한 반대 여론도 만만치 않다. 어떻게 사람이 먹는 쌀을 가축의 사료용으로 사용하느냐, 또 막대한 재정부담을 어떻게 감당하겠느냐는 것이다.

이러한 반대 의견은 정서상으로는 상당히 설득력이 있어 보이지만, 현실적으로나 경제이론적으로 볼 때는 올바른 것이 아니다. 우선 사료용 처분의 경우 '사람이 먹는 쌀'을 가축에 먹이는 게 아니라는 사실을 직시해야 한다. 정부가 보유한 쌀 가운데 1998년과 1999년산이 370만 석 있다. 이들 고고미(古古米)는 무늬만 쌀이지 실제로는 쌀이 아니다. 지금 우리 국민 가운데 이런 고고미는 거저 주어도 먹으려는 사람이 없다. 이미 쌀이 아닌 것을 장부상으로만 쌀이라고 우기면서 속절없이 보관료(100만 석당 연간 82억 원)만 물고 있는 것보다는, 가축에게라도 먹이는 것이 경제적으로 훨씬 현명한 처사이다.

다음으로 쌀 해외원조나 사료용으로 처분하는 경우 100만 석당 2,500억 원에서 3,000억 원 정도의 막대한 비용이 예상되는데 이것을 어떻게 부담할 것이냐는 주장도 타당한 것은 아니다. 이러한 주장은 재고처리 비용을 정부 재고미의 장부상 판매원가를 기준으로 계산하는데, 앞서 말한 바와 같이 고고미는 전혀 수요가 없기 때문에 실제 판매원가는 극단적으로 말하면 제로에 가깝다. 만약 쌀 도매상이라면 3년 전에 비록 가마당 13만 원에 구입한 쌀이라 할지라도 아직도 팔지 못하고 남은 것이 있다면 결손 처분하고 창고비용이라도 절약할 것이다. 정부도 이처럼 행동하는 것이 합리적이다. 더욱이 결손처리는 양특회계 장부상의 문제일 뿐 추가 재정부담이 들어가는 것도 아니지 않는가.

한편 정부는 쌀 해외원조를 적극적으로 추진해야 한다. 이는 단순히 쌀 과잉재고 처리만을 위해서는 아니다. 우리가 오늘날 이만큼 먹고살게 된 데는 지난날 다른 나라들로부터 적지 않은 도움을 받았던 덕분도 크다. 그런데 우리는 남을 돕는 데 너무 인색하다. 지난해 우리나라의 공적 개발원조(ODA)는 2억 1,200만 달러로 국민총생산(GNP)의 0.05%에 지나지 않는다. 이는 UN 권고 0.7% 수준에는 말할 나위도 없고, OECD 평균 0.22%의 1/4 수준에도 미치지 못한다. 북한에 대한 쌀 지원을 비롯해 다른 최빈국에 대한 식량원조를 적극적으로 펼쳐야 한다. 모든 정책에는 타이밍이 중요하다. 올 수확기 쌀값 폭락 대란을 막기 위해서는 사료용 처분과 해외원조 등 쌀 과잉재고 처리방안을 지체 없이 수립하고 실시해야 한다.

(≪한국일보≫, 2002.7.16.)

식량안보 불감증

　모진 가뭄과 태풍 메기의 극심한 피해에도 불구하고 올(2004년) 벼 수확은 수년래 최대가 될 것이라 한다. 그러나 가을 들녘을 바라보는 농민들의 마음은 편치 않다. 쌀 시장 개방이라는 허리케인이 곧 들이닥칠지 모르기 때문이다. 내일은 1년 전 한국 농업경영인 중앙연합회 이경해 회장이 멕시코 칸쿤에서 열린 세계무역기구(WTO)의 시장개방 협상에 반대하여 자결한 날이다. 이날을 기해 농민들은 전국 방방곡곡에서 쌀 시장 개방 저지를 위한 100만 농민 대회를 개최하고 있다. 물론 농민들은 현재 진행 중인 쌀 재협상에서 한 톨의 쌀도 추가로 수입되지 않기를 바라지만, 그러한 요구가 반드시 관철되리라 믿는 것은 아니다. 그럼에도 농민들이 바쁜 가을걷이를 뒤로하고 집회에 참여하는 것은, 쌀 재협상에서 의무수입 물량을 최소화하고 관세화 유예기간을 가능한 한 장기간으로 하는 등 우리에게 유리한 조건으로 쌀 관세화 유예가 관철될 수 있도록 우리 협상 대표들에게 간접적으로 힘을 실어주기 위한 것이리라.

　그러나 우리 협상 팀의 태도는 농민들의 이러한 기대와는 크게 어긋나고 있다.

　최근 이재길 도하 개발의제(Doha Development Agenda: DDA) 협

상 대사는 "쌀 관세화 유예를 기본입장으로 협상을 추진하고 있지만, 상대국 요구조건이 과도할 경우 실리 차원에서 입장을 재검토할 수 있고 국익 차원에서 판단하겠다"라고 말해 쌀 관세화를 받아들일 의사가 있음을 내비쳤다. 사실 쌀 재협상에서 관세화 유예냐 관세화냐는 그 자체로서는 전혀 중요하지 않다. 협상 결과 쌀 시장이 대폭으로 개방된다면 어느 쪽이나 우리 쌀농사에 치명적인 타격을 주기는 마찬가지이다. 관세화의 경우, 관세를 얼마 매기느냐에 따라 쌀 시장 개방 정도가 결정될 것이다.

그렇지만, 여러 가지 정황을 고려할 때 고율 관세를 부과하기도 여의치 않지만, 도하 협상 결과에 따라서는 쌀 관세를 대폭 삭감해야 할 가능성이 높다. 또한 쌀의 국제가격이 폭락하거나 환율이 하락하여 수입이 급증하는 경우, 우리 쌀농사의 기반이 흔들리게 된다. 이런 이유 때문에 관세화 유예를 선호하는 것이고, 정부도 관세화 유예를 협상의 기본원칙으로 한다고 천명해 온 것이다. 이번 쌀 재협상은 기본적으로 쌀 관세화 유예를 연장하기 위한 협상이다. 따라서 정부는 우리나라 쌀 농업의 처지를 고려해서 양허 가능한 의무수입 물량과 관세화 유예기간 등의 목표를 설정하고 그것을 관철하기 위해 최선을 다해야 하며, 그러한 목표가 달성되지 못하면 실패한 협상에 대한 응분의 책임을 지겠다는 결연한 의지로 협상에 임해야 한다.

그럼에도 협상 막바지에 와서 '상대방 요구조건 과다, 국익 차원 판단, 수입 쌀 시판 허용' 운운하는 협상 팀의 태도를 보고 있노라면, 솔직히 정부는 처음부터 쌀 관세화 시나리오를 정해놓고 국민과 농민을 기만해 온 것은 아닌가 하는 의구심마저 든다. 국익을 위해서는 쌀 시장 개방이 불가피한 것이 아니냐는 보수언론과 재계의 목소리가 점차 높아지고 있는 것도 이와 무관하지는 않으리라.

옛 어른들은 "쌀을 씻을 때 흘리면 유산한다", "키질 할 때 쌀알을 흘리면 남편이 바람난다"라고 하는 등 쌀을 매우 소중히 하였고, 보통 사람들이 보릿고개를 벗어난 것이 불과 20~30년 전 일이다. 그러나 오늘날 비만을 걱정하고 다이어트에 열중하는 사람이 늘어나면서 식량의 중요성이 잊혀지고 있는 듯하다. 우리나라의 식량자급률은 세계에서도 가장 낮은 26.9%에 지나지 않으며, 그나마 쌀을 제외하면 5%에 불과하다. 국제농업 전문가들은 수년래 세계적 식량위기가 올 수 있음을 경고하고 있다. 쌀 시장 개방으로 인해 쌀농사가 심각한 타격을 입게 되면 식량안보가 위태로울 뿐 아니라, 나아가 국가안보 및 정치적 주권도 위협받게 된다. 국가안보를 위해 한 해에 20조 원에 달하는 천문학적 돈을 지출하고 약 70만 명의 젊은 이들이 청춘을 바치고 있는 나라에서 국가안보의 기초인 식량안보에 대해서는 이렇게도 무심할 수 있을까. 쌀 시장 개방 저지가 단지 농민만을 위한 것 아니라, 국가의 식량주권을 수호하기 위한 것이라는 농민들의 절규에 귀를 기울일 때가 되었다.

("시평", ≪한겨레신문≫, 2004.9.9.)

식량자급률 목표설정과 농업·농촌기본법

식량자급률 목표 설정을 둘러싼 논의가 뜨겁다. 지난 4월 22일에는 농특위가 식량자급률 목표설정 방안을 주제로 소위원회를 열었고, 5월 7일에는 전농이 식량자급률 목표치 법제화 방안 모색을 위한 토론회를 개최하였다. 농민단체들은 식량자급률 목표치의 법제화를 식량주권 수호의 차원에서 접근하고 있다. 즉, 모든 나라가 자국의 식량정책을 독자적으로 결정할 권리를 갖고 있고, 식량자급률 목표 설정은 식량주권 수호를 위한 최소한의 정책이라는 점을 강조한다. 이에 대해 정부 당국자들은 식량자급에 대한 국가 의지를 표명한다는 차원에서 식량자급률 목표 설정의 필요성은 인정하나, 식량자급률의 개념도 모호하고, 목표를 설정한다고 해도 막대한 예산이 들어가는 반면, 개방화와 시장경제 체제하에서 목표 달성이 어렵지 않겠느냐는 점에서 난색을 표한다.

언뜻 양자의 입장에 일리가 있어 보이지만, 엄밀히 말하면 이것은 불필요한 논쟁이다. 2000년 1월 1일부터 시행 중인 현행 「농업·농촌기본법」 제6조는 국민 식량의 안정적 공급을 위하여 "적정한 식량자급 수준의 목표를 설정·유지"하도록 규정하고 있다. 더욱이 법 제42조는 농림부장관이 '식량의 적정 자급목표'를 포함한 '농업·농촌발전기본계획'(이하 기본계획)을 수립하여 국회에 제출하도록 규정하고 있다. 그런데 농림부 장관이 아직 한 번도 기본계획을 수립한 바 없다. 따라서 문제는 식량자급률 목표 설정에 관한 법이 없는 것이 아니라, 정부가 법을 지키지 않고 있는 것이다. 책임은 국회에도 있다. 국회는 지키지도 않을 법을 만들었고, 정부가 기본계획 수립과 국회 제출 의무를 이행하지 않은 것에 대해 책임을 묻지 않는 일종의 직무유기를 하고 있는 것이다.

우리나라가 「농업·농촌기본법」을 제정하면서 많이 참고한 일본의 사례는 우리와 전혀 다르다. 일본은 우리와 같은 해인 1999년에 「식료·농업·농촌기본법」을 제정하고, 이 법에 따라 2000년에는 '식료·농업·농촌기본계획'을 수립하여 식량자급률을 현행 40%에서 45%(칼로리 베이스)로 높이겠다는 목표를 설정하였다. 기본법에 의해 똑같이 식량자급률 목표를 설정하도록 한 두 나라 사이에 왜 이런 차이가 생긴 것일까. 가장 커다란 이유는 일본은 지킬 법을 만들었고, 우리는 안 지킬 법을 만든 것이다.

일본은 기본법을 만드는 데 거의 3년이 소요되었는데, 최대 쟁점의 하나가 식량자급률 목표 설정 여부였다. 당연히 찬반 간 활발한 토론이 농업계뿐 아니라 비농업계를 포함해서 광범위하게 진행되었고, 그 과정에서 국민적 공감대가 형성되어 식량자급률 목표 설정을 법제화한 것이다. 이에 반해 우리나라의 기본법 제정은 공론화 과정이 매우 형식적이었고, 그 과정에서 한 번도 식량자급률 목표 설정은 논란의 대상이 된 적이 없다. 말하자면 좋은 게 좋은 거지 하는 기분으로 일본의 기본법을 모방해서 법 제정을 한 것일 뿐, 기본법에 식량자급률 목표를 설정하는 것이 갖는 의미를 심각하게 고민하지 않은 것이다.

「농업·농촌기본법」에 규정되어 있는 '식량자급률 목표 설정'을 두고 논란을 벌이는 우스꽝스러운 일은 집어치우고, 정부는 최대한 빨리 법에 따라 식량자급률 목표를 포함한 기본계획을 수립해야 한다. 농민단체도 새로운 법제화 요구보다는 정부와 국회가 법을 이행하도록 감시하고 촉구하는 것이 좋다. 다만, 현행 「농업·농촌기본법」은 적지 않은 문제를 갖고 있기 때문에 차제에 전면적인 개정을 검토할 필요가 있다.

("시론", ≪농수축산신문≫, 2004.5.8.)

새만금 간척사업과 쌀

　　새만금 간척을 처음 구상한 것은 1970년대 초다. 당시 우리나라 농정의 최대 현안은 쌀 부족을 해결하는 것이었다. 쌀 생산을 늘리기 위해 다수확 신품종인 통일벼를 개발하여 강제로 보급하는 한편 쌀 소비를 줄이기 위해 혼식과 분식의 날을 정해 식당에서 흰쌀밥을 팔지 못하게 하였고, 심지어 학생들의 도시락까지 검사하였다. 쌀은 참으로 귀한 존재로, 쌀 수확량에 따라 농림부 장관의 목이 왔다 갔다 하였다. 간척이 가져올 환경적 재앙은 잘 알지도 못했고, 그런 것을 따지기에는 개발독재의 서슬이 시퍼렇던 시절이었다.

　　그러나 새만금 간척사업이 실제로 실시된 배경은 쌀 부족 때문이 아니다. 1987년 12월 당시 민정당의 노태우 대통령 후보가 새만금 간척을 대선 공약으로 제시하였을 무렵 쌀은 이미 100% 자급하고 있었고, 공사가 시작된 1991년 무렵은 쌀 재고가 1,300만~1,400만 섬에 이르러 재고 처리에 골머리를 앓던 때다. 쌀 증산을 위해 천문학적 비용을 들여 망망대해의 바다 보고와 갯벌을 매립할 이유는 어디에도 없었다. 영남 정권의 호남 차별에 대한 비판적 민심을 달래고, 서해안 중심 시대라는 개발환상을 심어 호남표를 얻으려는 정치논리가 주된 이유였다.

　　새만금 사업은 1월 17일 서울행정법원이 "간척지의 용도와 개발 범위를 결정하고, 환경평가를 거친 뒤 국민적 합의를 얻어 사업을 실시하라"라는 조정권고안을 발표함으로써 새로운 국면에 접어들 었다. 환경단체는 법원의 조정권고안을 받아들인 반면에, 정부와 전라북도는 수용하지 않을 것이라고 한다. 총구간 33km 가운데 2.7km의 물막이 공사만 남겨놓은 터에 법원의 조정권고안을 받아들 이기가 쉽지 않을 것이라 이해는 되지만, 농림부가 앞장서서 조정권 고안을 거부하는 이유는 이해하기 어렵다.

　　정부의 새만금 사업의 공식적인 목적은 4만 ha(농지 2만 8,300ha와 담수호 1만 1,800ha)를 조성하여 한 해 14만 톤의 쌀을 증산하는 것이다. 그러나 이러한 목적은 지금 현실에 맞지 않다. 우리는 쌀 소비의 급격한 감소와 수입 쌀의 증대로 인해 머지않아 심각한 쌀 과잉 문제에 직면할 것이다. 국민의 1인당 연간 쌀 소비량은 1985년 의 128kg에서 2004년의 81.8kg으로 20년간 무려 36%나 줄어들었 고, 10년 내로 70kg 수준으로 떨어질 전망이다. 세계무역기구 쌀 재협상 결과 우리나라의 쌀 의무수입량이 10년 뒤에는 현재의 두 배인 약 41만 톤으로 늘어나게 되어있는데, 새만금 간척이 완료되어 연간 14만 톤의 쌀이 증산된다면 어찌 되겠는가. 쌀 공급과잉으로 인한 쌀값 폭락은 불 보듯 뻔하다. 쌀값 하락을 우려하여 이미 논 휴경제까지 도입한 농림부 입장에서 보면, 못 이기는 척하고 사법부 의 조정권고안을 받아들이는 것이 사리에 맞지 않겠는가.

　　쌀 증산용 농지조성을 위한 새만금 간척은 정당성을 상실했다. 그렇다고 물막이 공사가 90% 가까이 끝났고 이미 2조 원 가까운 엄청난 돈이 투자되었으니, 물막이 공사를 조기에 마감하고 용도는 나중에 찾아보자는 것은 무책임한 주장이다. 국책사업이 아니고 민간사업이라면 그런 말이 나올 법이나 하겠는가. 간척지의 용도에 따라 환경영향과 소요 투자비용이 완전히 달라지기 때문이다. 새만금 간척에 이미 지출된 2조 원은 경제학적 용어로 말하면 회수가 불가능한 매몰비용이다. 따라서 물막이 공사를 계속할 것인가 말 것인가는 과거의 매몰비용이 아니라 현재와 미래의 기회비용에 의해서 결정해야 한다.

방조제를 완전히 막고 용도를 변경하는 경우 우리가 지불해야 할 기회비용(잃어버릴 갯벌의 환경적·경제적 가치, 환경오염 및 생태계 변화에 따른 사회적 비용, 추가 투자비용 등)이 예상되는 편익보다 크다면 새만금 간척은 중단되어야 한다. 이 경우에도 이미 건설된 방조제를 친환경적으로 지역발전에 이용하는 방안을 마련한다면, 그동안 투자한 2조 원은 그냥 날리는 것이 아니다. 사법부의 조정권고안이 새만금 갯벌도 살리고 전라북도도 발전하는 상생의 길을 찾는 새로운 전기가 될 것으로 기대한다.

("시평", ≪한겨레신문≫, 2005.1.27.)

위헌적 농지법 개정은 안 된다

돈은 있는데 「농지법」이 무서워 농지를 구입하지 못하는 도시인이 있다면 앞으로는 염려 붙들어 매시라. 최근 정부가 입법 예고한 농지법 개정안에 따르면 내년 7월 이후에는 도시 사람이 스스로 경작하지 않더라도 전국의 농지를 무제한 구입할 수 있다. 농업 경영 목적 취득, 농지은행을 통한 5년 이상 장기 임대 등의 단서가 있지만, 농지 취득에는 사실상 아무런 제약이 되지 않는다. 아울러 농지의 전용 규제도 대폭 완화된다. 도시자본을 끌어들여 쌀 시장 개방에 따른 농지가격 하락을 막아보겠다는 불순한 의도가 엿보인다.

새 농지법안은 농지개혁 이후 우리나라 농지제도의 근간을 이루어온 경자유전(耕者有田)의 원칙을 뿌리째 뒤흔드는 내용이다. 법안의 파괴력에 비하면 「농지법」 개정 논의는 무풍지대에 가깝다. 중앙 일간지들은 "도시민도 농지 맘껏 산다", "도시민 농지소유 내년 무제한 허용" 등 투기 흥을 돋울 뿐 새 「농지법」이 농업과 농촌사회에 어떠한 영향을 끼칠지에 대해서는 언급을 회피한다. 농업 전문지들이 농지 투기의 합법적 조장, 농업생산 기반 파괴 등의 부작용을 우려하고 있지만 여론의 주목을 받지 못하고 있다.

새 농지법안이 농지 투기와 난개발을 초래할 것은 명약관화하다.

새 농지법안이 알려지자마자 수도권과 행정수도 이전 예정지 등에 농지 구입 문의가 폭주하고, 매물이 나오기 무섭게 팔린다고 한다. 400조 원의 부동자금이 '땅은 정직하다'는 토지 신화를 믿고 전국을 누빌 것이다. 농업경영이나 하찮은 임대소득이 목적이 아니다. 전용에 따른 농지가격 상승을 기대하는 것이다. 이미 해마다 여의도 면적의 30배가 넘는 농지가 전용되고 있지만, 「농지법」 개정으로 농지 전용이 기하급수적으로 늘어날 것이다. 우리는 서구와 달리 "계획 없이 개발 없다"라는 원칙도 없고, 농지전용이 계획적·집단적이 아니라 필지 단위로 소규모 분산적으로 이루어지기 때문에 반드시 난개발을 부른다.

새 농지법안은 농업경영의 기반을 와해시키는 결과를 초래할 것이다. 정부는 도시인의 농지 소유와 임대차 확대를 통해 영농규모화를 촉진하려고 한다. 그런데 우리나라의 임차농지 비율은 45%다. 이미 세계적으로도 가장 높은 수준이다. 최대 농업국인 미국의 임차지 비율은 43%이고, 자본주의적 차지농의 역사가 200년이 넘는 영국이 38%이며, 우리나라와 농지제도가 비슷한 일본은 17%에 지나지 않는다. 임차지 확대는 비싼 임차료 부담으로 우리 농업의 경쟁력과 경영 안정성을 저해할 것이고, 도시자본의 농지 매입은 지가 상승으로 농업경쟁력을 약화시킬 것이다.

정부의 농지법 개정안이 그대로 시행된다면, 10년 뒤의 농촌은 어떤 모습일까. 농지는 대폭 축소되어 식량생산 기반이 파괴되고, 농촌 지역은 난개발되어 황폐화되고, 도시 지주의 횡포에 농촌 소작인이 신음하고 있지는 않을까. 「농지법」의 목적은 식량안보와 국토환경보전 등 농업의 다원적 기능을 실현하는 데 필요한 농지면적을 확보하고 공익에 맞게 관리하는 것이다. 우리나라 헌법 121조는 경자유전의 원칙을 천명하고, 예외적으로 농지의 임대차를 허용한다. 「농지법」 3조는 농지 보전, 공공복리에 적합한 관리, 농지 투기 방지를 기본이념으로 제시하고 있다. 새 농지법안은 이러한 헌법 정신과 「농지법」 이념에 명백히 반한다. 「농지법」에는 농업과 농촌의 바람직한 모습을 전망하고 그에 필요한 농지제도를 어떻게 갖출 것인가 하는 시각이 중요하다. 정부는 위헌적 「농지법」 개정 작업을 중단하고, 이미 탈법 불법에 의해 극도로 문란해진 농지질서를 헌법 정신과 「농지법」 이념에 따라 재정비하고 법 집행을 엄격히 할 필요가 있다. 아울러 공익을 위한 농지 소유 및 이용 규제로 인한 농민들의 불이익에 대해서는 정당한 보상책이 강구되어야 한다. 필요한 재원은 농지 전용에 따른 개발이익을 철저하게 환수한다면 어렵지 않게 조달할 수 있다.

("시평", ≪한겨레신문≫, 2004.8.12.)

쌀 시장 개방과 우리 농업의 현실

내우외환, 위기에 몰린 우리 쌀

가트 우루과이 라운드(UR) 농업협상에서 우리 정부는 쌀만은 수입하지 않겠다는 목표를 내걸고 협상을 진행하였고, 당시 1,000만 명이 넘는 국민이 쌀 수입 반대에 서명하여 정부의 협상을 지원하였다. 그 결과 우리나라는 최소시장접근(MMA)에 의해 1995~2004년 사이에 쌀 수입량을 국내소비량의 4%까지 늘리기로 약속하기는 하였지만, 모든 농산물의 비관세장벽을 관세화한다는 UR 농업협정의 기본원칙에도 불구하고 우리나라 쌀은 2004년까지 관세화 유예라는 특별 조치를 받아냈다. 다만, 관세화 유예조치를 연장할 것인지 말 것인지를 2004년에 재협상하기로 하였다.

2004년 쌀 시장 개방 재협상을 앞두고 개방불가피론(관세화론)과 개방반대론(관세화 유예)이 날카롭게 대립하고 있다. 개방불가피론자들은 "개방을 하고 싶지 않지만, 국제정세로 볼 때 우리가 반대해도 개방할 수밖에 없다"고 주장한다. 불가피론자들의 대부분은 농민 정서 등을 고려하여 전술적으로는 불가피론을 앞세우지만, 사실은 적극적 개방주의자들이다.

개방반대론자들은 "쌀 시장 개방은 우리나라 쌀 산업의 포기이고, 그것은 곧 우리 농업의 포기"라고 주장한다. 개방반대론자들의 대부분도 농민 정서 등을 고려하여 쌀 시장 개방 절대반대를 외치고 있지만, 앞으로의 협상 과정에서 우리나라 쌀 시장이 좀 더 개방될 수밖에 없을 것으로 예측하고는 있다. 이는 UR 농업협정에 우리가 쌀 관세화 유예를 연장하는 경우에는 수용 가능한 추가적인 양허를 제공할 것을 명시하고 있기 때문이다.

한편 2004년 쌀 재협상과는 별도로 현재 WTO(세계무역기구)의 도하 개발의제(DDA)에 따른 농업협상이 진행 중이다. DDA 농업협상은 시장 접근의 실질적 개선, 무역을 왜곡하는 국내보조의 실질적 감축, 수출보조의 점진적 폐지를 기본원칙으로 해서 진행 중이다. 2001년 11월 도하에서 열린 WTO 각료회의의 결정(DDA)에 의하면 올(2003년) 3월까지 시장개방 및 보조금 감축 등에 관한 세부원칙(Modality)을 수립하고, 그에 기초하여 9월의 WTO 제5차 각료회의까지 각국이 이행계획서를 제출하며, 모든 협상을 2004년 말까지 완료하는 것으로 되어있다. 지난 해 12월 18일 DDA 농업협상 의장이 그동안 협상에서 논의되었던 쟁점들을 정리한 종합보고서(Overview Paper)를 발표하여 협상에 박차를 가하고 있다.

DDA 농업협상은 우리나라의 2004년 쌀 재협상과 직접적 관련은 없다. 그렇지만 농산물시장 개방 및 보조금 감축에 관한 세부원칙이 어떻게 정해지는가에 따라 우리나라 쌀 재협상도 영향을 받지 않을 수 없다. 세부원칙을 둘러싸고 한국, EU, 일본 등 농산물 수입국과 미국, 호주, 캐나다 등 농산물 수출국 사이에 의견 차이가 크고 팽팽히 맞서고 있기 때문에 과연 3월 말까지 세부원칙 협상이 타결될

수 있을지 알 수 없고, 적어도 9월의 제5차 각료회의까지 갈 가능성
도 높다. 현재의 대립구도를 단순화해 보면, 농산물 수입국들은 UR
방식 및 수준의 시장개방 및 보조금 감축을 주장하는 반면에, 농산물
수출국들은 UR 농업협정의 결과에 대해 강한 불만을 표시하고 새로
운 방식에 의해 대폭적인 시장개방과 보조금 감축을 요구하고 있다.

  DDA 농업협상은 그것이 협상인 한 농산물 수입국과 수출국의
양 입장을 고려한 적정한 선에서 타결될 것이다. 그렇지만 DDA
농업협상의 현재 진행상황을 보면, 협상 결과가 우리에게 UR 협상보
다도 훨씬 불리하게 작용할 가능성이 매우 크다는 것이다. UR 농업
협정은 농산물 수출국과 수입국 간의 모호한 정치적 타협의 산물이
다. 농산물 수출국이 그동안 예외적으로 취급되어 오던 농산물을
넓은 의미에서 자유무역의 틀 속에 집어넣는 국제적 규범을 만들었다
는 점에서는 소기의 목표를 달성하였다고 한다면, 농산물 수입국은
농산물의 자유무역 공세를 사실상 방어하였다는 점에서 일정한 성과
를 거두었다고 할 수 있다. 따라서 UR 농업협정은 수출국과 수입국
간의 일종의 정전협정과 같은 것으로 농업협정 제20조에 "실시 기간
종료 1년 전에" 전쟁(교섭)을 재개할 것을 규정하였고, 이 규정에
기초하여 2000년 초부터 이미 농업협상이 전개되어 왔다. 이렇게
보면, UR 농업협상이 농산물무역에 관한 국제적 규범을 둘러싼
공방이었다면, DDA 농업협상은 실제적 이해관계를 둘러싼 싸움이
다. UR 농업협정에도 불구하고 농산물 무역장벽이 거의 제거되지
않았다는 불만을 갖고 있는 농산물 수출국들은 '실질적(substantial)'
개선을 요구하고 있고, 다양한 농업의 공존과 농업의 다원적 기능을
앞세운 농산물 수입국의 저항이 격렬하게 맞서고 있다. 그런데 이

싸움에서 이미 농산물 수입국이 방어선을 UR 수준으로 설정함으로 써 기선을 제압하였다고 할 수 있다. 즉, 적어도 UR 수준 이상의 시장개방 및 보조금 감축은 이미 기정사실화된 분위기이고, UR 농업협상에 비해 관세율과 보조금을 얼마나 더 낮추는가에 협상의 초점이 모아질 가능성이 높다. 또한 우리나라에 국한해서 본다면, 개도국 지위를 계속해서 인정받을 수 있는가가 중요한 논점이다. 우리나라의 개도국 지위에 대해서는 국제적으로도 비판이 있는 것은 사실이지만, 우리 농업의 입장에서 보면 개도국 지위 인정 여부는 사활이 달린 매우 중요한 사항이다.

이렇게 볼 때, 우리나라 쌀을 둘러싼 국제적 상황은 결코 우호적이지 못하다. 그런데 우리 쌀은 지금 국내적으로도 매우 어려운 처지에 처해있다. 예전에 우리는 아침에 만나면 "밥 먹었습니까" 하고 인사하고, 쌀밥은 명절에나 먹는 귀한 음식이었으며, 보릿고개에는 배불리 먹지 못한 시절이 있었다. 그런데 요즈음은 다이어트니 뭐니 해서 사람들이 예전보다 쌀을 적게 먹으면서 쌀이 천덕꾸러기 대접을 받고 있다. 우리나라 사람들의 일인당 쌀 소비량을 보면 1990년에 119.6kg에서 2000년에는 93.6kg, 그리고 2001년에는 88.9kg으로 급속히 줄고 있다. 반면에 쌀 생산량은 1990년 중반 이후 꾸준히 증가하여 1995년 3,260만 석에서 1999년 3,655만 석, 그리고 2001년에는 3,830만 석이 생산되었다. 그 결과 쌀 재고량이 1996년 169만 석에서 1999년 502만 석, 2001년에는 989만 석으로 증가하였다. 이처럼 쌀 재고량이 늘어난 것은 국내적 요인(생산과 소비의 차이)뿐 아니라 최소시장 접근에 의한 의무 쌀 수입에도 원인이 있다. 그렇지만 1997~2001년 사이에 수입된 쌀은 전부 135만 석이므로 재고의 근본원인은 국내적 요인에 있다고 할 수 있다.

　재고 누적으로 쌀값이 하락하여 농민들이 반발하자 정부는 대북 지원 및 해외 원조, 그리고 주정용, 사료용 활용 등 재고처리 특별대책을 수립하는 등 부산을 떨었다. 그리고 지난 1월 6일에 정부는 올해부터 전국 벼 재배면적의 2.6%에 해당하는 2만 7,500ha의 논을 대상으로 3년간 벼 및 다른 상업적 작물을 재배하지 않을 경우 매년 1ha당 300만 원씩의 보조금을 지급하는 쌀 생산조정제를 도입한다고 발표하였다. 이에 대해 농민단체들은 2004년 쌀 시장 개방을 기정사실화하고 쌀농사마저 포기하려는 정책이라고 일제히 반발하고 나섰다. 쌀 생산조정제는 지난해부터 논의가 있었으나 이미 일본에서 실패한 정책이고, 한번 실시하면 중단하기 어려우며, 우리나라의 쌀 생산 기반을 고려할 때 생산조정은 적당하지 않다는 등 다양한 비판에 부딪혀 도입하지 않았던 정책이다. 그럼에도 정부가 쌀 생산조정제의 도입을 강행한 것은 쌀 재고문제가 그만큼 심각하다는 것을 반증하는 것이다.

쌀 위기의 원인, 농업정책의 실패

　우리나라의 농업정책은 쌀 정책이라고 할 만큼 쌀은 우리 농정에서 항상 가장 중요한 지위를 점해왔다. 쌀은 우리 민족에게 단순한 식량이 아니라 역사이고 문화라는 점에서 그 중요성을 아무리 강조해도 지나치지 않다. 그러나 쌀이 매우 중요한 것은 사실이지만, 오늘날 우리 사회의 쌀에 대한 집착은 도를 지나친 감도 없지 않다. 쌀이 필요 이상으로 과다한 주목을 받는 이유는 역사적·정책적 요인 때문이다. 멀게는 일제 식민지 시대에 일본의 산미증식계획에 의하여 우리나라, 특히 남한의 농업은 모노컬처에 가까울 만큼 논농사의 비중이 높아졌다. 그리고 박정희 시대에는 제3차 5개년 경제개발계획(1972~1976년)을 수립하면서 농정의 목표를 식량자급에서 주곡자급으로 전환하였고, 이후 우리 농정은 한편에서는 가격지지와 신품종 개발 등을 통해 쌀 증산을 꾀하면서, 다른 한편에서 대부분의 식량은 해외에서 수입하는 정책을 취해왔다. 그 결과 우리나라는 쌀은 자급할 수 있게 되었지만 전체 식량자급률은 30%대 이하로 떨어지고, 더욱이 쌀을 제외한 식량자급률은 7% 수준에 지나지 않는 극단적인 식량수입 의존국이 되었다.

최근 쌀 문제가 풀기 어려운 수렁 속에 빠진 것도 1990년대 중반 이후의 농정의 잘못 때문이다. 재작년(2001년) 재고 증가와 풍년으로 산지 쌀값이 하락하여 쌀 문제가 사회적 이슈가 되기 전까지 정부의 쌀 정책의 기본은 증산이었다. 1990년대 전반의 쌀 부족을 계기로 1996년에 쌀 산업 종합대책을 수립하여 증산에 노력한 반면에, 쌀 소비의 감소 등 수요 측 변화에 대한 대응책은 마련하지 않았다. 또한 UR 농업협정도 간접적으로 쌀 문제를 악화시키는 데 기여하였다. UR 농업협상 이후 정부는 우리 농업의 국제경쟁력을 높이기 위해 경영규모 확대, 시설의 현대화 등 농업 생산 기반을 확충하였고, 그 결과 국내 농업생산성이 크게 높아졌다. 그리고 UR 농업협정에 따른 농산물시장 개방으로 값싼 수입농산물이 홍수를 이루게 되었다. 국내 공급력의 증가와 수입 농산물의 급증은 필연적으로 농산물 가격을 하락시켰고, 그것은 농업소득의 하락으로 나타났다. 특히 1997년 IMF 경제위기로 인한 환율상승과 농산물 소비의 감소는 농가경제에 치명적인 타격을 주었다. 따라서 농민들은 상대적으로 수입이 안정적이었던 쌀농사에 더욱 의존하게 되고, 정부는 아직 시장이 개방되지 않아 정부가 통제 가능한 쌀값을 올려줌으로써 농가의 어려움을 덜어주려고 하였다. 그 결과 농업소득에서 차지하는 쌀 소득의 비중이 1995년의 38.1%에서 2000년에는 52%로 크게 높아졌다.

쌀 개방 막을 수 없나

쌀은 불행하게도 너무 무거운 짐을 지고 있다. 쌀은 농업소득의 절반, 농가소득의 1/4 이상을 차지하고 있기 때문에 농민들의 생존권과 관련되어 있고, 농촌경제의 기반이기 때문에 쌀이 무너지면 농가뿐 아니라 농촌경제가 붕괴될 위험에 처할 것이다. 또한 식량자급률이 이미 30% 이하로 떨어진 상황에서 쌀은 우리의 식량안보를 지탱해 주는 유일한 대들보이다. 장차 쌀의 무거운 짐을 덜어주고, 다른 작물과 다른 산업이 농가경제와 농촌경제의 짐을 나누어질 수 있도록 종합적인 정책을 추진해야겠지만, 당장 급한 것은 쌀산업의 붕괴를 막고 연착륙의 조건을 마련하는 것이다.

우선 쌀 시장 개방과 2004년 재협상에 어떻게 대응할 것인가. 2004년 쌀 재협상의 핵심은 앞에서 지적하였듯이 쌀 관세화 유예를 연장할 것인가 말 것인가이다. 그런데 쌀의 관세화를 받아들일 것이냐 말 것이냐는 절대적인 명제가 아니라 어느 쪽이 우리에게 유리한가를 따져 판단해야 한다. 지금까지의 연구에 의하면 UR 농업협정에 따라 우리가 쌀을 관세화하는 경우 대체로 2005년에 350~400%의 관세를 부과할 수 있을 것으로 예상되는데, 우리나라의 쌀값(2001년 수매가)이 질적 차이를 따지지 않으면 미국산의 4.8배, 중국산의 5.8배, 태국산의 8.1배인 점을 감안할 때 이 정도의 관세로는 대량의 쌀 수입이 불가피할 전망이다. 더욱이 관세율의 의무적 삭감에 따라 관세가 점차 낮아지면 쌀 수입은 급증할 수밖에 없다. 따라서 우리가 최소시장 접근물량을 일정 정도(예: 8%)로 늘려주더라도 쌀 관세화 유예를 연장할 수 있다면 연장하는 것이 유리하다는 것이 지금까지의 연구의 결론이다.

그럼에도 불구하고 쌀 개방론(관세화론)이 여전히 수그러들지 않는 이유는, 쌀 개방은 피할 수 없다는 일종의 패배주의 때문이다. 쌀 시장 개방론자들은 2004년 쌀 재협상이 결렬되면 UR 농업협정에 따라 쌀 시장이 관세화 원칙에 따라 개방될 수밖에 없다는 이른바 자동관세화론을 주장한다. 즉, 쌀 시장 개방론자들은 UR 농업협정문 부속서 5섹션 B의 8항에 근거하여 우리나라가 쌀 관세화 유예를 연장받으려면 '추가적이고 수락 가능한(acceptable) 양허를 제공해야' 하는데, "'수락 가능한'이라는 표현은 문자 그대로 상대국이 받아들일 수 있는 수준으로 우리나라가 양허를 해야 한다는 뜻이기 때문에 상대방이 받아들이지 않으면 협상은 결렬되는 것이고, 결렬 책임은 우리에게 있기 때문에 관세화 유예를 받지 못하게 된다고 보는 것이 타당하다"(「농업통상이야기」, 농림부 홈페이지)라는 것이다. 그런데 이 주장대로라면 만약 수출국이 우리나라 쌀 시장의 관세화를 원한다면 우리나라가 어떠한 조건을 제시하더라도 그것을 받아들이지 않을 텐데, 그러한 경우에도 협상 결렬의 책임이 우리에게 있다는 말인가. 이러한 주장은 어떤 의미에서 협상을 하기도 전에 협상을 포기한 것이나 다름없다.

협상은 상대방이 있는 것이기 때문에, 경우에 따라서는 관세화를 불가피하게 수용하지 않을 수 없는 상황이 전개될 수도 있다. 관세화를 수용하는 경우 쟁점은 관세 상당치를 얼마로 할 것이냐가 관건이다. 이 점에 대해서도 쌀 시장 개방론자들은 우리나라의 쌀 관세 상당치는 UR 농업협정 부속서에 1986~1988년 평균으로 한다고 명시되어 있기 때문에 협상의 여지가 없다고 주장한다. 우리나라의 쌀 관세 상당치 계산방식이 UR 농업협정에 명기되어 있는 것은 사실이지만, 그렇다고 해서 1986~1988년 평균을 우리가 그대로 받아들이는 것은 잘못이다. 우리나라는 1986년 이후 쌀 수매가를 계속적으로 인상해 왔기 때문에 쌀의 국내외 가격차가 1986~1988년보다 지금 훨씬 벌어져서, 관세 상당치를 1986~1988년 평균으로 하는 경우 매우 불리하다. 따라서 관세화를 받아들이는 경우라도 관세 상당치의 계산 기준 시기를 최대한 현재에 가깝도록 하는 것이 필요하다. 논리적으로 보더라도 2005년에 쌀 시장을 개방하면서 관세상당치 계산 기준연도로 약 20년 전 것을 사용하는 것은 타당하지 않다. 이러한 주장에 대해 쌀 시장 개방론자들은 협상 상대국이 받아들이지 않을 것이라고 비판한다. 협상 상대방이 받아들이고 않고는 협상을 해보아야 아는 것이므로 미리부터 포기하는 것은 옳지 않다.

쌀 시장 개방과 관련해서 일본의 쌀 관세화 과정 및 DDA 농업협상 전략은 우리에게 참고가 된다. 일본은 1999년에 원래 예정보다 1년 앞당겨 관세화 유예조치를 버리고 쌀 관세화를 받아들였다. 논 면적의 약 40%를 놀리고 있는 상황(이른바 생산조정)에서 쌀의 의무수입 물량을 8%에서 그 이상으로 늘리면서 관세화 유예조치를 연장한다는 것은 농민들의 반발 때문에 일본 정부가 받아들일 수 없었기 때문이다. 또한 일본은 1987년 이후 쌀 수매가를 계속 인하해 왔기 때문에 관세 상당치를 1986~1988년 평균으로 하는 경우 매우 높은 관세를 매길 수 있어 실제로 쌀 수입을 차단할 수 있다고 판단하였기 때문이다. 실제로 일본은 관세 상당치로 402엔/kg(종가세로 환산하면 1,256%)을 부과하여 쌀의 추가 개방을 차단하였다. 만약 DDA 농업협상에서 관세율의 삭감이 UR 농업협정처럼 매년 2.5%로 정해진다면 현재의 최소시장 접근(의무수입량) 이상의 쌀이 일본에 수입되는 것은 25년 이후에나 가능할 것으로 추정되고 있다. 이처럼 유리한 조건으로 쌀 관세화를 관철하였음에도 일본 정부는 DDA 농업협상에서 쌀 최소시장 접근 물량의 계산 기준연도를 변경해 줄 것을 요구하고 있다. 그 이유는 일본의 쌀 소비량이 1986~1988년에 비해 많이 줄었기 때문에 이 기간을 기준으로 해서 최소시장 접근물량을 정하는 것은 불합리하다는 것이다.

이상에서 살펴보았듯이 쌀 시장 개방을 둘러싼 국제적 여건은 우리에게 반드시 우호적이지는 않지만, 그렇다고 해서 불가피하다고 할 수는 없다. 우리의 협상 의지에 따라 DDA 농업협상과 2004년 재협상의 결과가 크게 좌우될 것이란 점에서 개도국 지위의 유지와 쌀 관세화 유예를 위해 협상에 최선을 다해야 한다. 다만, 부득이 쌀 시장을 관세화 형태로 개방해야 한다면 적어도 일본 정도의 관세 상당치를 얻어낼 수 있도록 협상을 해야 한다. UR 농업협정이라는 형식논리에 매달릴 것이 아니라, 모든 면에서 볼 때 우리나라가 일본보다 불리한 조건으로 쌀 시장을 개방할 수 없다는 현실적 논리를 전개할 필요가 있다. 또한 우리나라가 UR 당시 쌀 관세화 유예를 위해 얼마나 많은 노력을 하고 다른 농산물에서 얼마나 많은 양보를 하였는가를 내세워 다른 나라를 설득해야 한다.

우리 쌀을 지키기 위해 무엇을 해야 하나

쌀은 농민뿐 아니라 국민 모두에게 너무나 중요한 작물이기 때문에, 수입에 의존하기보다는 국내 자급기조를 유지해야 할 것이다. 그러기 위해서는 두 가지 과제가 해결되어야 한다. 하나는 쌀농사에 종사하는 농민에게 적정한 소득을 보장해야 하고, 다른 하나는 국제 경쟁력을 강화해야 한다.

그동안 우리나라는 수매제도를 통해 쌀값을 지지하고 증산을 유도해 왔다. 그런데 지금은 쌀이 공급 과잉 상태이기 때문에 쌀값을 올려 농가소득을 보장하는 것에는 한계가 있다. 더욱이 정부의 쌀 수매량은 2001년에 15%에 지나지 않았고, UR 협정에 따라 정부의 수매량을 매년 줄일 수밖에 없기 때문에 정부의 수매가격이 시중 쌀값에 미치는 영향력도 현저하게 낮아지고 있다. 쌀값 상승을 기대하기 어렵고 오히려 쌀값이 하락할 가능성이 매우 높은 현실을 감안할 때, 쌀 농가에 대한 소득을 보장하기 위해서는 직접지불을 강화하는 수밖에 없다.

현재 우리나라는 논 농업의 공익적 기능을 보상하는 차원에서 논 면적 2ha를 지급상한으로 농업진흥지역에 대해서는 ha당 50만 원, 비농업진흥지역에 대해서는 ha당 40만 원을 지급하는 논 농업 직접지불제를 실시하고 있다. 하지만 논 농업 직접지불제는 지급상한과 지급단가가 너무 낮다는 점에서 농민들의 불만을 사고 있고, 가격변동에 따라 지급액을 조정할 수 없어 효과적인 쌀 소득 안정대책이 되기 어렵다는 비판을 받고 있다. 최근 정부는 논 농업지불제의 지급상한과 지급단가를 올리는 한편, 쌀값 하락에 대비하여 쌀 소득보전 직접지불제의 도입을 검토하고 있다. 소득보전직불제란 시장가격 하락에 따른 조수입 감소(기준연도 조수입과 당년 조수입의 차이)의 일정 부분을 정부가 보전해 주는 제도로서, 이는 일본이 1998년부터 도입한 도작경영안정제와 비슷하고, 미국이 1997년 농산물가격 하락에 대응하여 도입한 가격하락 상쇄지불(countercyclical payment)과도 유사한 정책이다.

논 농업 직접지불제와 쌀 소득보전 직접지불제를 병용하는 경우, 정부는 쌀 농가의 소득을 어느 선에서 보장할 것인가를 정하지 않으면 안 된다. 그러나 이것은 매우 어려운 과제이다. 국민경제적 관점에서 본다면, 쌀의 자급 기반(이미 UR 협정에 의해서 최소시장 접근물량이 수입되고 있기 때문에 자급이라 해서 반드시 100%의 자급을 의미하는 것은 아니고, 우리가 목표로 하는 자급 수준을 의미)을 유지할 수 있는 수준에서 보장하면 될 것이다. 그러나 이것은 농민의 입장에서는 매우 불만스러운 수준이 될 것이다. 이 점에서 미국과 EU의 정책이 우리에게 참고가 된다. 미국은 2002년 「농업법」에서 목표가격(농민이 받아야 할 가격)을 부활하고 시장가격과의 차액을 정부가 직접 지불하는 형태로 농가의 소득을 보장한다. EU는 1992년 농업개혁에 의해서 가격지지를 낮추고, 그에 따른 손실을 보상하는 형태의 직접지불(income compensation payment)을 도입한 바 있다.

직접지불제의 도입에는 재정부담과 UR 협정과의 정합성을 고려해야 한다. 어느 나라 할 것 없이 직접지불제의 도입은 재정지출의 증대를 수반하였기 때문에 우리도 감수하지 않으면 안 된다. 다만, 쌀 농업에 대한 직접지불제가 전면적으로 도입되는 경우, 이미 실효성을 상실한 쌀 수매제도는 점차 폐지하고 수매제도에 들어가는 재정지출을 직접지불제를 위한 예산으로 전환하는 방안을 강구할 필요가 있다. 논 농업 직접지불제는 현재 UR 농업협정의 허용보조(green box)로 분류되고 있으나 새로 도입을 구상하는 쌀 소득보전직불제는 감축대상보조(amber box)에 해당되기 때문에, 그 도입을 위해서는 수매제도로 인한 보조금 사용액을 줄이지 않으면 안 된다. 이런 점들을 고려할 때, 만약 DDA 농업협상에서 EU의 주장대로 UR 농업협정의 청색조항(blue box)이 허용보조로 인정된다면, 우리도 EU식의 쌀 농업에 대한 소득보상 직접지불제의 도입을 적극 검토할 필요가 있다.

쌀 농가의 소득보장을 위해서는 국내 쌀값이 안정되어야 하는데, 이를 위해서는 현재와 같은 쌀의 과잉공급 상황을 해소해야 한다. 단기적으로는 쌀의 대북 지원, 해외원조, 사료용 처리 등으로 급한 불을 꺼야 할 것이고, 장기적으로 쌀에 대한 수급안정대책을 수립해야 한다. 우선 지금까지의 증산 정책을 버리고 우리 쌀농사를 친환경적으로 재편하면서 고품질 쌀 중심의 생산체제로 전환하고, 쌀의 브랜드화를 추진하여 마케팅력을 강화해야 한다. 이것은 쌀의 공급능력을 억제하는 한편, 안전성과 고품질을 요구하는 소비자의 욕구(needs)에 부응함으로써 수입 쌀에 대한 경쟁력을 키울 수 있고 쌀 소비확대를 가져오는 이점이 있다. 쌀 소비확대를 위해서는, 쌀을 주식으로 하는 전통적인 한국형 식생활을 현대적으로 개선하여 그

우수성을 적극 홍보하는 한편, 소비가 늘어나는 추세에 있는 쌀 가공식품을 다양하게 개발하고, 미국의 푸드 스탬프(food stamp) 제도를 원용하여 저소득층에 대한 쌀 지원을 확대한다.

쌀의 국제경쟁력을 높이기 위해서는, 소비 측면에서 우리 쌀의 우수성(안전성과 고품질 쌀)을 차별화하고, 소비자에게 정확한 품질 정보를 제공할 수 있도록 포장양곡에 대한 표시 및 인증제도를 확대하여 소비자 신뢰를 확보하는 것이 필요하다. 생산 측면에서는 쌀농사의 구조를 개선할 필요가 있다. 그동안 정부는 쌀 농업의 구조개선을 위해 쌀 전업농에 대한 영농규모 확대를 지원해 왔다. 그러나 우리 쌀 농업의 영세구조는 전업농 육성만으로는 해결될 수 없다. 쌀 전업농을 중심으로 영세농과 고령 농가를 포괄하는 지역농업 체제를 구축하여 쌀 농업의 집단화를 추구할 필요가 있다. 이것을 쌀 농업 직접지불제와 연계해서 인센티브를 주는 형태로 추진한다면, 논의 경작포기를 방지하고 실제로 쌀 생산비 인하에도 기여할 수 있을 것이다.

맺음말: 쌀만으로는 안 된다, 농정 패러다임의 전환

이상에서 살펴본 바와 같이 쌀은 단순한 식량 이상의 매우 중요한 작물이기 때문에 반드시 지켜가야 할 것이다. 그런데 역설적으로 쌀을 지키기 위해서는 쌀의 부담을 덜어주어야 한다. 그동안 우리나라 농정은 쌀 농정이라고 할 만큼 쌀에 매달려 왔다. 이는 결과적으로 다른 농작물을 포기하는 결과를 가져왔다. 또한 우리는 UR 농업협상 당시 '쌀만은 절대 개방할 수 없다'는 전술을 구사하여 쌀 개방도

막지 못하면서 다른 농산물의 개방 압력에 제대로 대처하지 못하였다.

쌀 농가 가운데 쌀 소득만으로 생활할 수 있는 농가는 10%도 되지 않고, 그들이 생산하는 쌀은 전체 쌀 생산량의 20%에도 미치지 못한다. 결국 거의 대부분의 쌀 농가는 쌀 이외의 농작물과 복합경영을 하고 있고, 대부분의 쌀은 그들에 의해서 생산되고 있다. 따라서 다른 농작물이 무너지면 쌀농사도 같이 무너질 수밖에 없는 것이 현실이다. 또한 쌀을 제외한 식량자급률이 7%에 지나지 않은 현실도, 시정하지 않으면 우리의 식량안보를 지켜가기 어렵다. 쌀의 자급기반을 유지하기 위해서도 쌀 이외의 다른 식량작물을 비롯해 상업적 농산물(과실, 채소, 축산 등)의 발전을 도모하지 않으면 안 된다.

한편 쌀 생산 농민들이 어려움을 겪고 있는 것은 단순히 쌀 소득만은 아니다. 그들은 살아가는 데 필요한 사회적 서비스(예: 의료, 교육, 문화, 교통 등)를 온당하게 누리지 못하고 있다. 특히 많은 농민들이 자녀 교육을 이유로 농촌을 떠난다. 농민들이 사회적 서비스를 공급받지 못하는 것은 이농으로 인해 농촌 인구가 급격히 감소하였기 때문이다. 지금처럼 이농이 계속되고 농촌공동화가 진전된다면 쌀농사를 지으면서 농촌에 살고 싶어도 살 수 없게 될 것이다. 쌀농사를 유지하기 위해서는 농촌 지역이 활성화되고 이농이 억제되어야만 한다. 농촌 지역의 활성화를 위해서는 기간산업인 농업이 활성화되어야 하겠지만, 농업 이외의 분야에서도 소득 및 고용기회가 확대되어야 한다. 농민들의 삶의 질 향상을 위한 사회적 서비스의 공급 확대와 더불어, 농산물의 가공 및 판매를 중심으로 한 1.5차 산업, 농업과 자연자원을 이용한 도시와의 교류 확대와 농촌관광(그린 투어

리즘)의 활성화, 지역산업의 활성화와 농촌 주민의 의식 및 잠재력 개발 등 다양한 형태의 농촌정책이 전개되어야 한다. 이를 위해서는 농정이념을 농업의 국제경쟁력 제고에서 농업·농촌의 다원적 기능의 극대화로 바꾸고, 농정대상을 농업과 농민이라는 좁은 틀을 벗어나 농촌 지역과 농촌 주민 전체를 대상으로 확대하며, 농정 추진방식을 중앙집권적 농정에서 지방분권적 자율농정으로 바꾸는 농정 패러다임의 전환이 필요하다.

(≪황해문화≫, 2003년 봄호.)

GMO의 위기

　최근 미 농무성은 올해 GMO(유전자변형생물체) 종자의 파종면적이 지난해에 비해 옥수수는 8%, 대두는 5%, 면화는 7% 감소될 것이라고 발표하였다. 이는 GMO 재배면적이 지난 수년간 3배 이상 늘어난 것에 비추어볼 때 매우 이례적이다. GMO 농산물에 무슨 일이 발생한 것일까.

　GMO 농산물은 개발 초기부터 인체 및 환경에 대한 안전성이 검증되지 않았다는 이유로 유럽 시민단체의 강력한 반대에 부딪혔다. 그러나 GMO 옹호론자들은 "생명공학과 GMO 기술은 과학적으로 검증되지 않은 위험에 비해 엄청난 편익이 기대되는 21세기의 핵심적인 환경친화 기술이고, GMO만이 인류를 굶주림에서 해방시키고 자연환경을 보호할 수 있다"라며 반대론을 일축하였다. 예를 들면, GMO 개발을 선도하는 몬산토사는 반대론을 무마하기 위한 광고에서 "생명공학의 수용을 늦추는 것은 굶주리는 우리 세계가 감당할 수 없는 사치이다"라고 비난하였다.

　그러나 몬산토사나 생명공학자들의 기대와는 달리 GMO가 몬산토사의 기업 슬로건처럼 인류에게 '식량·건강·희망'을 보장할 것이라 믿는 사람은 점차 줄어들고 있다. 우선 GMO가 세계의 기아문제를 해결해 줄 것이라는 주장은, 식량문제의 근본적 원인이 불공정하고 불공평한 정치적·경제적 구조와 토지의 불공평한 분배에 있다는 사실을 은폐하는 이데올로기에 지나지 않는다. 오늘날 세계의 60억 인구 가운데 8억 3,000만 명이 기아에 신음하고 있고, 그 가운데서 매년 약 1,300만 명이 굶어죽는다고 한다. 그러나 이들이 굶주리는 것은 맬더스의 예언처럼 세계 인구가 식량생산보다 빠른 속도로 늘어났기 때문이 아니다. 유엔 세계식량계획(WFP)에 따르면 오늘날의 지구 상에는 전 세계 모든 사람에게 영양 있고 적절한 식사를 공급하는 데 필요한 식량의 1.5배가 생산되고 있다.

많은 학자들은 세계적으로 식량생산이 과잉임에도 기아가 확산되는 기이한 현상의 주범은, 식량생산과 판매를 상업적 이윤에 이용하는 초국적 농업자본 때문이라고 주장한다. 따라서 이들은 GMO가 세계 식량문제를 해결하기는커녕 오히려 악화시킬 것이라고 우려한다. GMO를 개발하고 이용하는 주체가 인도주의적 자선단체가 아니라, 식량의 생산부터 소비까지 식품사슬(food chain)을 지배하려는 초국적 농업자본이기 때문이다. 예를 들면, 몬산토사는 한번 사용한 종자는 다시 사용할 수 없도록 하는 '터미네이터 기술'을 개발하여 세계 종자시장을 지배하고자 하였다가, 반대에 부딪혀 상업화를 포기한 바 있다.

GMO 농산물에 대한 반대운동은 선진국의 소비자단체를 넘어 전 세계적으로 확산되고 있다. 영국의 유니레버와 네슬러, 미국의 거버와 하인즈와 같은 식품기업은 GMO 농산물을 원료로 사용하지 않겠다고 발표하였고, 심지어 까르푸와 같은 유통업체도 다른 대형 유통업체와 제휴하여 유전자 변형식품을 판매대에 두지 않기로 협정

을 맺었으며, 도이체 방크는 기관투자가들에게 "GMO는 죽었다"라
는 보고서를 배부하였다. 그뿐만 아니라 미국과 제3세계의 농민들은
다국적 종자기업에 대한 반독점소송, 종자 특허 반대운동 등을 벌이
고 있다. 그리고 각국 정부는 유전자변형식품에 대한 표시제를 도입
하는 등 규제를 강화하고 있다.

GMO에 대한 전 세계적 반대운동은 지난 1월 28일 몬트리올에서
138개국이 생명공학안전성의정서(Biosafety Protocol)를 채택하는 결
실을 맺었다. 의정서는 GMO가 환경과 인체에 위해할 수 있다는
점을 사실상 공식적으로 인정한 것에 커다란 의의가 있다. 전 세계의
소비자와 농민들이 거대 초국적기업과 초강대국 미국을 굴복시킨
것이다. 이번 의정서는 마곳 월스트론 유럽연합 환경위원회 위원장
의 말처럼, 무역과 환경에 관한 국제협약에 있어 역사적인 순간이자
이정표가 될 것이다.

("아침을 열며", 《한국일보》, 2000.5.1.)

무분별한 농산물시장 개방, 무너지는 농촌

누구의 누구를 위한 WTO인가

오늘부터 스위스 제네바에서 농산물 무역자유화를 위한 WTO 농업위원회 특별회의가 열린다. WTO 뉴라운드는 시애틀 각료회의의 결렬로 출범하지 못하였지만, 뉴라운드와 관계없이 농업과 서비스, 지적 재산권 분야의 협상은 우루과이 라운드 합의에 따라 2000년부터 시작하도록 되어있기 때문이다. 이번에 열리는 제1차 특별회의에서는 농산물무역에 관한 구체적 협상보다는 협상 일정, 의사규칙, 회의 빈도 등 앞으로의 협상을 위한 사무적 논의가 있을 것으로 예상된다. 차후의 특별회의에서도 농업 분야 협상이 언제 어떻게 타결될지는 예측하기 어렵다. 이런 정황에 비추어 정부 당국자는 WTO의 농업협상에 대한 국민들의 경계심을 달래려고 한다.

그러나 우리는 WTO 농업협상이 이미 시작되었다는 사실 자체에 대해 심각한 우려를 표명하지 않을 수 없다. WTO는 1995년 1월 1일 우루과이 라운드 협정에 기초하여 발족하였으며, 현재 134개국이 참가하고 있다. WTO는 발족 당시 자유무역을 통해 세계경제의 번영과 평화에 기여하고 전 세계인의 복지 향상에 기여할 것이라고 약속하였다. WTO는 생활비 인하, 상품 선택 기회의 확대, 소득증대, 경제성장, 선후진국 간 불평등의 완화 등을 약속하였다. 5년이 지난 지금, 달콤한 약속은 실현되지 않았다. 오히려 세계경제는 WTO 출범 이전보다 심각한 위기에 처해있다. 오로지 미국만이 전후 최장기 호황을 구가하고 있을 뿐, 다른 나라들은 경제침체에서 벗어나지 못하고 있다. 특히 아시아, 남미, 아프리카 등 저개발국의 생활수준은 오히려 낮아지고, 우리나라를 비롯해 한때 세계의 부러움을 사던 동아시아 국가들은 경제위기의 고통을 겪고 있다.

WTO 체제하에서 부유한 나라와 가난한 나라, 부유한 사람과 가난한 사람의 소득격차가 날로 확대되는 '지구촌의 부익부 빈익빈' 현상이 나타나고 있다. 각 나라의 경제주권은 제약되고 초국적 거대기업과 금융자본이 지구촌을 실질적으로 장악해 간다. 환경, 건강과 안전, 인권, 노동자의 권리는 점차 무시되고 기업의 이익이 최우선시된다. 지난해(1999년) 12월의 시애틀 각료회의, 올 1월의 다보스 세계경제포럼, 2월의 유엔 개발회의에 세계 각국의 비정부기구(NGO)들이 모여 "WTO 반대, 뉴라운드 출범 반대", "WTO와 IMF, 세계은행은 지옥에 가라"라고 외치며 격렬하게 저항한 것은 위와 같은 국제사회의 현실을 반영한 것이다. WTO는 뉴라운드 개시에 앞서 우선 WTO가 지난 5년간 세계경제에 어떠한 영향을 미쳤는가, 다시 말해 '빈곤의 세계화'와 전대미문의 금융불안에 대해 어떠한 책임이 있는가를 해명해야 한다. 마찬가지로 WTO 농업위원회에서는 농산물무역의 자유화를 논하기 이전에, WTO 농업협정이 나날이 심화되고 있는 세계 식량위기에 어떠한 책임이 있는가를 따져야 한다. 불평등과 불공정성에 기초한 WTO 체제가 장기적으로 지속되기는 어렵다. 세계적 금융 투기꾼으로 비난받는 조지 소로스조차 WTO 체제에 대해서는 비판적이다. 어떤 학자들은 그

것을 주도하는 미국의 '신경제' 거품이 사라지는 순간 급속히 붕괴
할 것이라고 예견한다. 출범 이후 5년이 지난 지금 우리는 WTO가
'누구의, 누구를 위한 무역기구'인가를 분명히 밝혀야 한다. 그리고
WTO 체제를 평등하고 공정하고 민주적인 체제로 전환하기 위해
노력해야 한다. 그렇지만 불행히도 우리 정부는 '열린 경제체제'를
주장하며 "WTO, APEC과 같은 다자간 체제에만 매달리지 않고
투자협정, 자유무역협정 등 쌍무협정을 통한 무역자유화에 매진"하
고 있다. 올바른 세계경제 질서의 확립은 결국 NGO들의 몫이다.
사실상 현 WTO 체제를 인정하면서 정부의 입장을 대변하는 무늬
만 NGO인 단체들의 각성을 촉구한다.

("아침을 열며", ≪한국일보≫, 2000.3.24.)

무분별한 농산물시장 개방, 무너지는 농촌

농민들이 가장 눈물 날 때가 애써 가꾼 논밭을 소득 없이 갈아엎을 때일 것입니다. 가뭄으로 보리를 갈아엎는 농민의 한스러움, 겨우내 기름 때어 키운 농산물이, 한겨울에 땀 뻘뻘 흘리면서 허리가 휘어져라 키운 농산물이 수입 오렌지에 밀려 거리로 내버려지는 가슴 아픔……. 못 먹게 생겨서 내다 버리는 것이 아니라 팔아도 기름 값은커녕 운반비도 보장할 수 없기 때문에 자식같이 애지중지 키워온 농산물을 거리에 내다 버리기 시작한 것입니다.

(전농 소식지 8호에서)

최근 농산물 가격이 폭락하면서 농촌경제가 크게 흔들리고 농심(農心)이 동요하고 있다. 언론에는 잘 보도되지 않지만 전국 시·군에서 크고 작은 농민 시위가 거의 매일 일어나고 있고, 6월 10일에는 농축산물가격 보장, 수입개방 반대, 농가부채특별법 등을 요구하는 농민 시위가 전국에서 동시다발로 열렸다. 왜 이처럼 농민들은 분노하는 것일까. 농민들은 농축산물 가격이 폭락한 최대의 원인은 정부의 무분별한 농산물 수입개방정책 때문인데도 정부가 아무런 대책을 수립하지 않고 있다고 비난한다.

농산물유통공사의 자료에 의하면, 5월 말 현재 농축산물가격은 예년(지난 5년간 평균)에 비해 20% 이상 하락하였다. 농산물가격은 왜 폭락하였나. 농산물이든 공산물이든 가격이 하락하는 이유는 수요에 비해 공급이 많기 때문이다. 그런데 농산물은 가격탄력성이 낮기 때문에 수요에 비해 조금만 공급이 과잉되어도 가격이 폭락하는 속성을 지니고 있다. 농산물가격 폭락은 농산물 소비부진 및 소비자의 취향 변화 등 수요 측 요인도 있지만, 더 중요한 것은 공급과잉이다. 공급과잉은 과잉생산과 수입증대 모두에게 책임이 있지만, 그 근본적 원인은 무분별한 농산물 수입개방에 있다. 우선 농민들은 우루과이 라운드 이후 홍수처럼 밀려드는 수입농산물 앞에서 대체 작목을 찾지 못하고 너도나도 정부의 지원을 받아 시설원예에 매달렸고, 이것이 과잉생산을 초래하였다. 또한 국내생산만으로도 과잉인 상태에서 오렌지, 바나나, 포도 등 값싼 수입 과일의 봇물로 가격이 폭락하지 않을 수 없었다.

오늘날의 농촌 현실과 정부 대책, 그리고 사회 분위기를 보노라면 농민들의 한숨과 분노에 참으로 동감하지 않을 수 없다. 35조 원을 넘는 천문학적 농가부채는 이미 농가의 상환능력을 벗어난 지 오래다. 지금은 일반 금융기관의 부실대출과 구조조정에 눈이 팔려 애써 회피하고 있지만, 농가부채와 그에 따른 지역 협동조합의 부실이 터진다면 농촌경제는 일순에 날아갈지도 모른다. 돈을 벌어야 빚을 갚을 텐데, 농가 경제는 오히려 악화되고 있다. 농촌 사정이 이러한데도 정부는 변변한 대책을 마련하지 못하고 있다. 그뿐만 아니라 정부는 세계화와 시장 논리를 앞세워 칠레를 필두로 호주 등과 자유협정을 추진하는 등, 농산물시장 개방을 확대하려고 하여 농민들을 불안하게 하고 있다. 더욱 안타까운 것은 농촌 현실에 대한 사회적 무관심이다. 그 흔한 TV 시사토론이나 신문의 사설, 칼럼 등에서 농촌문제가 사라진 지 오래고, 심지어 일부 언론은 최근 중국과의 마늘 분쟁에서 사실을 왜곡 보도하여 농민을 곤경에 몰아넣고 있다.

우리나라는 OECD에 가입한 후 농산물시장은 OECD 수준으로 개방하고 있지만, 그 대책은 후진국 수준을 벗어나지 못하고 있다. 농작물재해보상, 농산물 가격지지 및 수급조정, 농가소득 보전을 위한 직접지불제 등 OECD 국가들이 널리 펼치고 있는 농가소득 안전망 가운데 어느 하나도 아직 실시하지 않고 있다. 언제까지 공산품 수출을 위해 농업을 희생하고, 예산 타령만 하고 있을 것인가. 해결책이 없는 게 아니라, 문제는 농정철학의 빈곤이다. 범정부 차원에서 농업과 농촌 문제에 대한 장기적이고 근본적인 대책이 시급히 마련되어야 한다.

("아침을 열며", ≪한국일보≫, 2000.6.15.)

박용성 회장의 농업개방공론화 제의를 환영한다

박용성 대한상공회의소 회장이 최근 기자 간담회에서 "오는 2004년 뉴라운드 발족을 앞두고 농업에 대한 발상의 전환이 필요하고, 농업개방을 공론화하고 농업 부문의 양보를 통해 다른 국가들과 자유무역협정(FTA)을 늘려가야 한다"라고 말한 것이 보도되면서 농업계가 크게 반발하고 있다. 농민단체들은 박 회장의 발언에 대해 "농업과 농민을 말살하려는 의도" 혹은 "매국행위" 등 극단적 언어의 구사도 서슴지 않고 있다. 필자는 박 회장의 농업개방 논리에는 반대하지만, "농업개방을 공론화"하자는 제의에는 쌍수를 들어 환영한다. 오늘날 우리 농업과 농민의 어려운 처지를 생각하면 농업개방을 논의하는 것조차 거부하려는 농업계의 심정은 충분히 이해할 수 있지만, 농업개방 논의를 회피한다고 해서 문제가 해결되는 것은 아니다. 오히려 농업계가 가장 경계해야 할 것은 우리 사회와 언론에 만연해 있는 농업에 대한 무관심 혹은 의도적인 무시이다.

언제부터인가 일반 언론에서 농업개방이든 농업보호이든 농업에 관한 기사나 보도를 접할 기회가 거의 없어졌다. 박 회장의 발언으로 모처럼 주요 일간지에 농업에 관한 기사가 등장한 셈이다. 그런데 신문들의 보도 태도를 보면, 박 회장의 발언을 객관적으로 전달하는 척하면서 은근히 농업개방을 부추기고 있다. 박 회장 말대로 농업개방을 참으로 공론화하려면 박 회장의 농업개방 논리만을 소개할 것이 아니라 농업개방에 대한 반대 의견도 개진할 기회를 주어야 할 것이 아닌가. 어느 신문에서도 그러한 글을 보지 못했다. 이것은 좋게 말해도 명백한 직무유기이고, 나쁘게 말하면 언론의 교묘한 농업 죽이기이다.

언론의 농업에 대한 의도적 무시는 최근 발족한 농어업·농어촌 특별대책위원회(약칭 농특위)에 대한 보도 태도에서도 확인할 수 있다. 농특위는 WTO 뉴라운드의 출범에 대응하여 우리 농어업과 농어촌의 활로를 모색하기 위해 정부의 5개 부처 장관과 소비자단체, 농민단체, 학계 등이 참여하여 설립한, 대단히 중요한 기구이다. 그럼에도 농업전문지를 제외한 일간 신문들은 농특위의 발족에 즈음하여 기껏해야 농특위 위원의 명단을 소개하는 정도의 관심밖에는 보이지 않았다. 그 흔한 '농특위에 바란다' 같은 유의 사설이나 기사도 하나 찾아볼 수 없었다.

농업을 둘러싼 주변 사정이 이러함에도 농업개방 논의 자체를 거부하고 쉬쉬하는 것은 옳지 않다. 오늘날과 같은 세계화 시대에 농업개방은 피할 수 없다. 문제는 어느 정도를 개방하고, 국내 농업을 어느 정도 유지하는가 하는 것이다. 이에 대한 공개적 논의와 국민적 합의가 필요하다. 농업과 농촌의 가치에 대한 국민적 합의가 형성되지 못한 상태에서, 이른바 국익을 앞세운 농업희생론 혹은 농업포기론에 의해 농업과 농촌이 끝없는 쇠퇴의 길을 걷고 있는 것이 우리의 현실이 아닌가.

박용성 회장의 농업개방 공론화 제의에 화답하는 의미에서, 박 회장의 주장에 대해 필자 나름의 견해를 밝히고자 한다. 박 회장의 주장을 간단히 요약하자면, 한국 경제의 미래를 위해서는 농업과 같은 경쟁력이 떨어지는 산업에 대한 포기가 불가피한데, 농민과 농민단체가 농산물 수입은 무조건 안 된다는 막무가내 주장을 해서 한·칠레, 한·일 자유무역협정의 체결을 방해하고 있다는 것이다.

박 회장의 주장은 두 가지 측면에서 이해하기 어렵다. 그 이유는 첫째, 박 회장의 사실인식이 잘못되어 있고, 둘째는, 박 회장의 경제철학이 잘못되었기 때문이다. 박 회장은 우리 농민들이 막무가내로 농업개방을 반대한다고 하지만, 사실 우리나라는 세계에서도 가장 농업이 개방된 나라들 가운데 하나이다. 잘 알려진 바와 같이 우리나라의 식량자급률은 30%에도 미치지 못하는데, 이는 일부 도시국가를 제외하면 세계에서 가장 낮은 수준이다. 쌀을 제외하면 우리 농업은 거의 100% 개방하고 있는데, 그렇다면 박 회장의 농업개방 주장은 쌀 시장마저 개방하고 농산물의 관세를 실질적으로 폐지하자는 주장인가. 이렇게 농업을 전면개방하고도 박 회장의 말대로 농업과 제조업이 공생할 수 있는 방안은 과연 있는 것인가. 또한 박 회장은 마치 농업이 발목을 잡아서 한·칠레 자유무역협정이 체결되지 않고 있는 것처럼 말하지만, 심지어 미국조차도 북미자유무역협정을 체결하면서 자신들의 취약 농산물 분야는 제외시킨 사실을 알고 있는가. 또 박 회장은 농업에 대한 보호조치가 일시적이어야 한다고 주장하는데, 세계 최고의 농업경쟁력을 가진 미국이 1930년부터 지금까지 자국 농업을 두텁게 보호하고, 오늘날 미국 농가의 농업소득의 절반 이상이 정부의 직접소득보조에 의한 것이란 사실을 왜 무시하는가. 한편 "한국 경제의 미래를 위해서는 농업 등 경쟁력이 떨어지는 산업은 포기도 불가피하다"라는 박 회장의 경쟁력 지상주의에 접해서는 아연실색할 수밖에 없다. 우리가 농업개방을 반대하고 국내 농업의 유지·발전을 주장하는 것은 농민만을 위해서가 아니다. 이른바 농업의 비교역적 역할이니 다원적 기능이니 하는 것은 국제농업협상에서도 시민권을 획득한 개념이고, 그것은 경쟁력이 없다고 해서 포기할 수 없는, 그리고 한 사회의 건전한 발전을 위한 최소 필요조건(national minimum requirement)으로서의 농업과 농촌의 가치를 말하는 것이다.

　이제, 추상적이고 비현실적인 자유무역론을 앞세워 농업 부문을 공격하거나 농업개방은 논의조차도 안 된다는 감정적 대응이 아니라, 과연 우리 농업과 농촌은 필요한 것인가, 그 가치는 무엇인가, 국민들이 농업과 농촌에 대해서 원하는 것이 무엇인가, 그리고 그것을 실현하기 위해서는 무엇을 해야 하는가를 공론화하여 우리 모두의 지혜를 모아야 한다.

("왜냐면", ≪한겨레신문≫, 2002.3.23.)

농촌위기 원인은 농정실패

　멕시코 칸쿤에서 열린 WTO 각료회의는 선언문 채택에 실패하고 결렬되었다. 협상 결렬은 표면적으로 투자 및 경쟁정책 등에 관한 '싱가포르 이슈'에 대한 이견 때문이라고 하지만, 이면에는 농업 분야에 대한 선진국과 개도국, 수출국과 수입국 간의 의견 차이도 중요하게 작용한 것으로 알려지고 있다.

　흥미로운 것은 협상 결렬을 전후한 국내 보수언론들의 태도이다. 비록 채택에는 실패하였지만 각료선언문 초안은 예상보다 훨씬 강도 높은 농업개방안을 담고 있었다. 이에 언론들은 앞 다투어 '농업개방 초강력 태풍 온다', '농업개방 직격탄 맞은 한국' 등 협상 타결이 한국 농업에 치명적 타격을 줄 것으로 보도하였다.

　그런데 막상 협상이 결렬되자 언론들은 정부 측 협상대표자 혹은 관변 연구기관 전문가의 입을 빌려 한결같이 협상 결렬이 우리나라 의 공산품 수출에 악영향을 미칠 것으로 우려하고 있다. 또 협상은 결렬되었지만 농업개방은 여전히 불가피하다고 못 박고 있다.

　이런 언론의 보도 태도를 종합해 보면, WTO 각료회의가 농업 분야에는 치명적 타격을 줄 것이 뻔하지만, 공산품 수출 증대를 위해 서는 타결되는 것이 바람직하였는데 결렬되어 안타깝다는 것이다.

농업 분야를 희생하더라도 공산품 수출을 늘려야겠다는 생각은 보수언론뿐 아니라 정부 경제정책의 기본 골격을 이루고 있다.

정부는 이번 각료회의에서 어느 나라보다 앞장서서 자유무역을 주장하였고, 농촌의 어려운 실정은 아랑곳하지 않고 다자간 협상을 통한 농산물시장 개방과 실익도 불투명한 한·칠레 자유무역협정을 강행하고 있지 않은가. 서로 전쟁을 벌이고 있는 참여정부와 보수언론이 희한하게도 신자유주의적 시장개방론에서는 '코드'를 맞추고 있는 것이다.

칸쿤 회의의 최대 비극은 한농연 전 회장 이경해 씨의 자살이다. 이경해 씨의 죽음은 가뜩이나 흉흉한 농촌 민심에 불을 질러 대규모 시위가 예고되고 있다.

무엇이 농민들을 자살과 시위로 내모는가. 이경해 씨는 WTO의 개방 압력에 대해 죽음으로 항거하였다. 그리고 협상에 반대하기 위해 100여 명의 우리 농민들이 이역만리 멕시코까지 갔다. 그것은 농업개방이 가져올 결과를 잘 아는 농민들로서는 생존권 차원의 투쟁이었다. 분명 WTO 농업협상은 우리 농업의 존립을 위협하는 무서운 존재이다.

그러나 잘 생각해 보면 우리 농업과 농촌을 위기로 내몬 것은 해외에서의 개방 압력만이 아니다. 국제적인 개방 압력은 우리 농민에게만 가해지는 것도 아니고, 어제오늘의 새삼스러운 일도 아니지 않은가.

그럼에도 유독 우리 농민만 형편이 나날이 나빠지고 절망의 늪으로 빠져드는 이유는 무엇인가. 그것은 한마디로 농정실패 때문이다.

우리 농촌이 피폐해진 원인은 농산물시장 개방 압력 때문이 아니

라, 농업·농촌의 희생을 전제로 한 극단적인 수출제일주의와 성장제
일주의 정책 때문이다.

그럼에도 정부는 정책 기조를 전환하여 농업·농촌을 살릴 길을
모색하지 않고, 모든 책임을 외국의 개방 압력에 돌리며 국제경쟁력
만이 우리 농업이 살 길인 양 경쟁력 지상주의를 표방하고 막대한
재정을 투자하였다.

그러나 농업구조 개선정책은 경쟁력 제고에 실패하고 오히려 농
민들에게 헤어나기 어려운 빚만 안겨주었다. 이에 보수언론은 농업
에 대한 투자는 밑 빠진 독에 물 붓기가 아니냐, 경쟁력 없는 농업을
보호하기 위해 공산품 수출을 희생시키는 것은 소탐대실이 아니냐고
농업포기론을 부추기고 있다.

WTO 농업개방 압력, 정부의 농정 실패, 보수언론의 왜곡된 농업
관이 우리 농민을 벼랑 끝으로 내몰고 있다. 농업·농촌 문제를 농업
의 국제경쟁력 문제로 왜곡해서는 안 된다.

농업과 농촌의 발전 없이는 국가의 건전한 발전이 불가능하다는
관점에서 농업과 농촌의 가치를 올바로 평가하고, 농촌 지역의 개발
과 복지향상, 농가소득 증대방안을 종합적으로 마련해야 한다. 삼가
고 이경해 씨의 명복을 빈다.

("한국시론", 《한국일보》, 2003.9.16.)

식량자급률 5%, 개방반대는 국익

　지난 9월 10일부터 14일까지 멕시코 칸쿤에서 열린 WTO 제5차 각료회의는 선언문 채택에 실패하고 결렬된 채로 끝났다. 각료회의의 결렬은 지난 1999년 11월 말의 시애틀 제3차 각료회의에 이어 두 번째이다. 각료회의의 결렬은 무역과 투자의 자유화를 강요하는 선진국 및 초국적 자본의 거대한 힘에 맞선 개도국과 NGO의 승리로 기록된다.

　각료회의의 협상 결렬 소식에 대해 우리나라 농민단체들은 환호성을 올렸다. 그러나 역설적으로 각료회의 결렬 이후 우리 사회에는 '농업개방 대세론'이 오히려 확산되고 있다. 대통령을 비롯해 경제기획원 장관 등 정부 고위관료와 언론이 일제히 시장개방불가피론을 펴고 있다. 이에 대해 농민들은 시장개방 절대 반대를 외치며 집단행동을 준비하고 있다. 이제 농산물시장 개방문제는 국제협상의 문제를 넘어 우리 사회 내의 최대의 갈등요소로 바뀌어가고 있다. 농산물시장 개방에 관한 최근의 여론조사 결과를 보면 반대가 약간 우세하기는 하지만 찬반양론이 팽팽히 맞서며 그야말로 국론이 분열되는 양상을 보이고 있다. 농산물시장 개방불가피론을 주장하는 사람들은 두 부류로 나눌 수 있다. 하나는 농산물시장 개방이 국익에 도움이 되지는 않지만 WTO 농업협상의 구도를 볼 때 어쩔 수 없지 않으냐 하는 소극적 입장과 농산물시장을 개방하는 것이야말로 국가를 위한 길이라고 생각하는 적극적 입장으로 나눌 수 있다. 최근에는 후자의 적극적 입장이 득세를 하는 양상이고, 적극적 개방론자의 입장에서 보면, WTO의 농업개방 압력은 불감청이언정 고소원(감히 청하지는 못할 일이나 본래부터 바라던 바)이라 할 것이다.

9월 16일자 주간 조선의 기사 제목 "WTO의 두 얼굴: 협상타결 국익엔 유리, 농가엔 치명적"에서 보듯이 농민의 이익과 국익을 대립적으로 파악하는 시각이 우리 사회에 만연되어 있고, 그것을 보수 언론들이 부추기고 있다. 농산물시장 개방을 적극적으로 주장하는 측은 마치 우리나라 농산물시장이 개방되어 있지 않고 폐쇄되어 있는 듯 사실을 왜곡한다. 우리나라의 농산물시장은 쌀을 제외하면 이미 완전 개방된 상태다. 우리나라의 식량자급률은 도시국가들을 제외하면 세계에서 가장 낮은 25%대 수준으로 하락하였다. 우리가 먹는 쇠고기의 절반 이상은 외국산이고, 대형 슈퍼마켓에는 수입 과일들로 넘쳐나고 있지 않은가. 지난해 우리나라는 96억 달러의 농림축산물을 수입하고 16억 달러를 수출하여 농림축산물 무역에서 80억 달러의 적자를 기록하였다. 우리나라의 농업구조가 취약하여 농산물관세가 상대적으로 높은 것은 사실이지만, 내용적으로 보면 우리나라의 농산물시장은 세계에서도 가장 개방된 시장 가운데 하나 이다. 따라서 당면한 문제는 농산물시장 개방이 불가피하냐 아니냐가 아니고, 마지막 남은 쌀 시장마저 개방할 것인가, 그리고 이미 개방된 농산물에 대해서는 얼마나 수입을 확대할 것인가 하는 것이다.

적극적 개방론자들은 쌀 시장마저 개방하고 농산물의 수입을 확대하는 것이 국익에 도움이 된다고 한다. 과연 그런 것인가. 김진표 경제부총리는 최근 "활발한 경제 교류와 더 나은 우리나라의 미래를 위해 쌀 개방은 이제 불가피한 시대적 선택이라고 본다"라고 주장하였다. 우리나라는 국내총생산(GDP)의 70% 이상을 무역에 의존하고 있고, 국민경제에서 차지하는 농림어업 부문의 비중은 GDP의 4%(2002년), 총취업자의 9.3%, 농가인구는 전체인구의 7.5%에 지나지 않기 때문에, 농업을 보호하기 위해 공산품 수출을 희생한다면 소탐대실하는 결과라는 것이 개방론자들의 주장이다. 여기에 관변 경제학자들이 계량 모델을 이용하여 농업 부문을 개방하면 할수록 경제성장과 국민후생이 극대화된다는 사실을 숫자로 증명한다. 그런데 이처럼 엄청난 결론이 너무도 단순한 논거에 기초하고 있다는 점에서 놀라지 않을 수 없다. 즉, 자유무역에 따른 값싼 농산물의 수입이 증가하면 농민들은 피해를 입지만, 농산물가격의 하락으로 소비자들이 더 큰 이익을 얻기 때문에 나라 전체로는 후생이 증가한다는 것이다.

이들의 계량모형에서는 오늘날 국제협상에서 보편적으로 받아들여지는 농업의 비교역적 역할 혹은 다원적 기능(식량안보, 농촌 지역사회의 유지, 환경 및 국토의 보전, 문화 및 전통의 계승, 도시인의 안식처 제공 등)은 농산물 시장가격에 반영되지 않는다는 이유로 완전히 무시되고 있다. 우리의 식량자급률이 25%대로 떨어졌고 그나마 쌀을 제외하면 5% 수준에 지나지 않는 사실을 감안한다면, 마지막 보루인 쌀 시장을 지키는 것이야말로 가장 시급한 국가의 임무가 아닌가.

개방론자들은 국민경제에서 차지하는 농림업의 비중이 낮다는 사실만 강조할 뿐, 농림업이 농촌 지역의 기간산업이고 거의 대부분 시·군에서 취업자의 약 절반이 농업 취업자라는 사실을 모르거나 감추고 있다. 농산물의 개방 확대에 따른 농업쇠퇴가 농촌 지역의 붕괴를 가속화시킬 것은 명약관화하다. 같은 농산물 수입국이지만 농촌 지역에서조차 농업 취업자가 소수에 지나지 않는 이웃 일본과는 사정이 매우 다르다. 최근 한국농촌경제연구원은 DDA(도하 개발 의제) 농업협상이 제5차 WTO 각료회의에서 논의된 의장 초안을 토대로 타결될 경우 2006년부터 2010년까지 농업 부문의 총소득은 15조 원에서 9조 원으로 감소하고, 자연감소분을 제외하고도 농업 취업자 25~50만 명이 일자리를 잃을 것으로 추정하였다. 더욱이 그들의 대부분은 새로이 취업하기 어려운 50대 이상의 농민이다. 누가 이들의 생계를 책임질 것인가.

검증되지 않은 국익론을 앞세워 국론을 분열시키고 농업의 희생을 강요하는 농산물시장 개방대세론 혹은 불가피론은 하루빨리 불식되어야 한다. 문제는 나날이 강화되는 외국의 농산물 개방 확대 압력에 합심하여 어떻게 대응할 것인가에 모든 노력을 집중해야 한다. 때리는 시어머니보다 말리는 시누이가 더 밉다고 하였던가. 아무리 개방 압력이 거세더라도 국민 모두가 힘을 합쳐 우리 농업과 농촌을 살릴 지혜를 모아간다면 농민들은 희망과 용기를 가질 것이다. 경제 관료와 보수언론의 잘못된 농업시장 개방=국익론이 가뜩이나 어려운 농민들을 절망의 늪으로 몰아가고, 극단적인 저항을 부채질하고 있는 것이다.

농업개방에 대한 정부의 대응도 잘못되어 있다. 정부 관료와 언론, 관변연구기관은 각료회의 결렬 이후 농업개방 대세에 대응해서 농업

구조조정에 박차를 가해야 한다고 목소리를 높이고 있다. 그런데 정부는 1980년대 말 이후 10여 년간 농산물시장 개방불가피론을 내세워 농업의 국제경쟁력을 키우는 것만이 우리 농업과 농촌의 살 길이라고 주장하면서 엄청난 돈을 농업 구조조정에 사용해 오지 않았는가. 그렇지만 막대한 재정투융자에도 불구하고 농업의 국제 경쟁력이 달성된 것도 아니고 농촌의 형편이 나아진 것도 없지 않은 가. 오히려 무리한 농업 구조조정책이 농민들을 상환 불가능한 막대한 농가부채의 수렁에 빠뜨린 것이 아닌가. 농업 구조조정이 단기간에 달성될 수 있는 것도 아니지만, 설사 구조조정에 성공해서 국제경쟁력을 어느 정도 높인다고 해서 우리 농업과 농촌 문제가 해결되는 것도 아니다. 다수 농가의 배제를 전제로 한 지금과 같은 방식의 농업 구조조정은 농촌 지역의 빈부 양극화와 공동화를 가져와 농촌 문제를 더욱 악화시킬 것이다.

향후 10년 정도가 우리 농업과 농촌, 그리고 우리 사회의 운명을 결정하는 중요한 시기이다. 국민경제에서 차지하는 농업과 농촌의 비중이 매우 낮아진 현실에서 소수자로서의 농업과 농촌이 존립하기 위해서는 다수자인 비농업 부문의 지지가 반드시 필요하다. 정부의 농정 실패로 농업과 농촌을 보는 국민의 눈이 전보다 차가워지기는 하였지만, 가능하면 수입농산물보다는 국산농산물을 이용하겠다는 국민이 70% 이상을 차지하는 최근의 한 여론조사 결과에서 보듯이 아직은 희망이 있다.

이를 위해서는 농정 패러다임의 일대 혁신이 필요하다. 우선 농정 이념을 경쟁력 지상주의의 좁은 틀에서 벗어나 지역과 환경을 포괄하여 농업·농촌의 다원적 기능을 극대화하고, 농촌 주민의 삶의 질을 향상하는 것으로 전환해야 한다. 이와 더불어 농정의 대상과 범위도 농업과 농업자로부터 국민과 국민경제로 확대해야 한다. 즉, 전통적인 농정이 농업생산성의 향상, 혹은 농가소득의 증대 등 농업 혹은 농업자를 대상으로 농정을 실시하였다면, 앞으로의 농정은 식품의 안전성과 영양공급, 환경보전과 농촌 지역의 진흥 등 일반 국민을 포함해야 한다. 농업과 농촌이 쇠퇴하면 도시와 국가 전체가 쇠퇴할 수밖에 없다는 시각은 정책 당국자뿐 아니라 일반 도시 주민에게도 필요하다. 이러한 시각이 확립될 때, 참다운 의미에서 도시와 농촌의 교류, 도시에 의한 농촌의 지원이 가능해진다. 최근에는 다행스럽게도 일반 국민의 농업·농촌에 대한 시각이 종래의 식량공급처라는 좁은 시각으로부터 국민의 휴양 공간, 생산 공간, 생활공간으로서 농업·농촌이라는 인식으로 전환되고 있다. 농민과 농촌 주민은 일반 국민에게 농업·농촌의 다원적 기능을 제공하고, 일반 국민들은 농민과 농촌 주민의 공평한 삶을 보장하는 일종의 사회계약이 명시적으로 혹은 암묵적으로 필요한 것이 아닌가.

("농수산물 수입개방 11가지 오해와 진실 ①", ≪오마이뉴스≫, 2003.9.30.)

왜곡되고 있는 쌀 재협상과 언론의 책임

지난 우루과이 라운드 농산물협상에서 우리나라는 모든 농산물에 대해 개방을 약속하면서 쌀에 대해서만은 2004년까지 국내 소비량의 4%를 의무적으로 수입하기로 하고 10년간 관세화를 유예하였고, 관세화 유예를 연장할 것인가에 대해서는 2004년에 다시 협상하기로 하였다.

이러한 우루과이 라운드 농업협정에 따라 우리나라는 지난달부터 미국, 중국, 호주 등 9개국을 상대로 쌀 시장 개방 재협상에 들어갔다. 관세화란 일정한 관세만 물면 쌀도 자유롭게 수입할 수 있는 반면에, 관세화를 유예한다는 것은 최소시장 접근물량(MMA)만 수입하면 그 이상 쌀이 수입되는 것을 제한할 수 있다.

따라서 우리 입장에서 보면 관세화보다는 관세화 유예가 유리하기 때문에 우리 정부도 관세화 유예를 관철시킨다는 것이 쌀 재협상의 기본방침이다.

문제는 관세화 유예를 연장하기 위해서는 의무수입량(MMA)을 현재의 4% 이상으로 늘려야 한다는 것이다. 의무수입량이 몇 퍼센트가 될지는 협상을 해보아야 할 일이지만, 협상 상대국들이 무리하게 의무수입량을 대폭 늘릴 것을 요구하면 협상은 난항을 거듭할 가능성이 높다. 협상은 9월 말까지 진행될 예정이지만, 연말까지 타결되지 않을 가능성도 높다.

협상은 상대방이 있는 것이기 때문에 반드시 우리 뜻대로 되지는 않는다. 그렇지만 우리의 협상 목표와 의지에 따라 협상 결과가 크게 좌우되는 것도 부정할 수 없다. 우리 정부는 관세화 유예를 기본 방침으로 하지만, 상황에 따라서는 관세화를 받아들일 수도 있다는 입장이다.

그 논리는 두 가지다. 하나는 관세화 유예의 대가로 의무수입량을 과도하게 확대하면 오히려 관세화하는 것보다 못하다는 것이고, 다른 하나는 우리가 관세화 유예만을 고집하는 것은 협상 전략으로도 바람직하지 않다는 것이다.

쌀 재협상을 다루는 언론의 보도 태도도 정부와 크게 다르지 않다. 즉 관세화냐 관세화 유예냐가 중요한 것이 아니고 어느 쪽이 우리에게 유리한가를 판단해서 결정해야 한다는 것이다.

이러한 논리는 매우 당연하고 언뜻 그럴듯해 보이지만, 커다란 문제점을 지니고 있다. 즉, 관세화든 관세화 유예든, 쌀 시장이 대폭 개방될 수밖에 없다는 것을 전제로 한 매우 위험한 논리이다. 우리나라가 쌀 관세화를 받아들일 경우, 쌀 수입량이 얼마나 될지는 WTO의 DDA 협상과 밀접한 관계가 있기 때문에 지금으로서는 정확히 알 수 없다.

그러나 한 정부출연 연구기관의 연구 결과에 따르면, 우리나라가 관세화를 받아들이면 2010년에 쌀 국내소비량의 최소 8%(개도국 지위를 유지하는 경우) 혹은 최소 13%(선진국 적용을 받는 경우)가 수입될 것으로 추산되고 있다. 이것을 기준으로 관세화가 유리하냐, 관세화 유예가 유리하냐를 따진다는 것은 결국 이번 쌀 재협상에서 협상 상대국이 우리에게 관세화 유예의 대가로 국내소비량의 최소 10% 이상의 의무수입을 요구하면 관세화로 전환하겠다는 것이 된다.

이러한 협상 태도는 협상도 하기 전에 이미 백기를 든 것이나 다름없다. 우리 농업과 농촌에서 차지하는 쌀의 중요성을 감안한다면, 관세화든 관세화 유예든 쌀 수입이 현재보다 대폭 늘어나는 것은 우리로서는 받아들일 수 없다. 관세화를 하는 경우 국내 쌀 자급률이 60~70% 수준까지 떨어질 것이라는 각종 연구 결과에 기초해 볼 때, 관세화는 우리의 선택 대상이 아니다.

따라서 우리의 협상 목표는 쌀 의무수입 물량의 증량을 최소화하면서 관세화를 유예하는 것이다. 만약 이런 목표가 쌀 재협상에서 관철되지 않으면 우리로서는 그것은 실패한 협상이고, 그 경우에는 책임을 지겠다는 자세로 협상에 임해야 한다.

관세화도 좋다, 관세화 유예도 좋다는 식의 안이한 협상 태도로는 우리 쌀을 지켜낼 수 없다. 이러한 잘못된 협상 태도가 사회적으로 용인되고 있는 것은 언론이 쌀 재배 농민의 절박한 심정을 전혀 헤아리지 못하는 관료적 편의주의와 무책임성을 질타하기보다는 '엉터리 국익론'을 앞세워 은근히 쌀 시장 개방을 부추기고 있기 때문이다.

(≪PD협회 회보≫, 2004.5.19.)

한·칠레 FTA 광풍이 지나간 자리

한·칠레 FTA가 국회를 통과한 2월 16일은 우리 사회가 아직도 야만에 지배되고 있음을 증명한 날로 역사에 기록될 것이다. 지난해 7월 8일 국회에 제출된 이후 세 차례 본회의 처리가 무산되면서 한·칠레 FTA에 대해 우리 사회가 보인 모습은 한마디로 이성의 마비 그 자체였다.

보수언론과 정치인, 정부와 재계, 학계가 한 목소리로 한·칠레 FTA가 처리되지 않으면 마치 한국 경제가 무너질 것처럼 사실을 왜곡하여 국민 여론을 호도하였다. 시쳇말로 FTA 국회 비준에 올인한 것이다. 정치적 입장에서는 사사건건 대립해 온 참여정부와 '조중동'으로 대표되는 보수언론이, 한·칠레 FTA에 대해서는 너무도 호흡이 잘 맞았다. 보수언론의 거짓 보도, 사실왜곡, 자의적 해석은 눈뜨고 볼 수 없을 정도였다.

무엇보다도 비극적이면서 희극적인 장면은 한·칠레 FTA가 통과된 순간에 수천의 농민이 국회의사당 앞에서 통한의 눈물을 흘리고 있을 때, 그 소식을 접한 청와대는 회의 중에 환호의 박수를 쳤다는 것이다. 도대체 누구를 위한 '참여정부'인가. 낯선 서울 땅에 올라와 지하도에서 잠을 자면서 한·칠레 FTA를 반대해 온 수십만의 농민은

이 땅의 국민이 아니란 말인가.

한·칠레 FTA는 과연 농민들을 우리 사회의 '왕따'로 만들면서까지 밀어붙일 만큼 '국익'에 도움이 되는가. 정부가 칠레를 FTA의 첫 상대로 잡은 것은 다른 나라들과 FTA 체결을 위해 가벼운 마음으로 연습상대로 잡았다고 하는데, 막상 시작해 보니 우리의 실익은 작고 농업 부문에 대한 피해가 예상보다 크다는 것이 밝혀졌다.

칠레에 대한 우리나라의 수출액은 4~5억 달러로 전체 수출액의 0.3%에 지나지 않는다. 그리고 칠레는 이미 다국적 기업의 무한경쟁 시장으로 우리의 공산품 수출이 늘어날 여지도 많지 않다. 반면에 정부의 당초 예상과는 달리 칠레는 농업강국으로 FTA가 체결되면 과수뿐 아니라 축산, 시설원예에 커다란 피해가 발생할 것이 알려지면서 농민들의 반발이 시작된 것이다.

칠레와의 FTA 체결에 따른 농업 부문 피해에 대한 충분한 연구 없이 한·칠레 FTA를 추진한 잘못을 인정하고 협상을 중단하기는커녕, 정부는 이해 당사자를 배제한 밀실 협상을 통해 문제가 생기면 사후적으로 대책을 수립하는 밀어붙이기식 태도로 일관하였다. 농민들이 반발하면 FTA 지원금을 늘려주는 식으로 원칙 없는 정책을 되풀이하였다.

한·칠레 FTA를 둘러싼 우리 사회의 갈등은 국회를 통과하면서 일단락되었다. 그러나 그것으로 문제가 끝난 것은 아니다. 한·칠레 FTA는 우리 사회에 심각한 후유증을 남겼다. 우선 FTA는 국익 증대에 기여하고, FTA에 반대하는 것은 집단 이기주의라는 식의 잘못된 이데올로기가 형성된 것이다. FTA를 신봉하는 사람들은 FTA가 경제성장, 물가안정, 국민후생의 증가 등 국익을 증대시킨다고 주장한다. 그러나 FTA는 반드시 경제성장과 국민후생의 증가, 국제수지의 개선을 가져오는 것은 아니다. 그 반대의 사례도 우리는 많이 발견할 수 있다.

또한 FTA가 설사 경제성장이나 수출증대를 가져온다 해서 반드시 국민 대중의 삶이 향상되는 것은 아니다. 오히려 동아시아 및 남미의 거듭된 경제위기에서 보듯이 무분별한 개방과 자유화는 초국적 금융자본에 의한 종속 심화와 국민경제의 불안정성 증대를 가져오고, 노동자의 권리, 인권, 환경 등에 심각한 악영향을 미친다.

한·칠레 FTA는 이제 시작에 불과하다고 한다. 정부는 당장 올해 안에 싱가포르, 일본 등과 FTA 체결을 서두르고 있고, 그 외에 아세안, 멕시코, 호주, 미국 등과 FTA를 준비하고 있다. 자유무역협정은 무조건 국익에 도움이 된다는 이데올로기에서 벗어나야 한다. 자유무역협정은 국제경쟁력을 가진 초국적 대기업(예: 삼성전자, 현대자동차 등)의 이익은 극대화하는 반면에, 경쟁력이 없는 부문(중소기업이나 농업 부문)에는 심각한 타격을 준다.

그렇지만 FTA는 이익과 비용의 배분이나 부담에서 공정성을 담보한 메커니즘을 갖고 있지 않다. 우리나라는 지금 사상 최대의 수출을 기록하고 있다. 경제성장률도 과거의 고도성장에 비하면 낮지만 매년 3~5% 이상의 안정적 성장을 하고 있다.

그럼에도 경기는 장기침체에 빠져있고, 농민들이 빚더미에 허덕이고 빈부격차는 날로 심해지고 있으며, 신용불량자가 400만 명을 넘어서고 실업자가 날로 늘어나는 동시에 정규직 노동자들이 비정규직 노동자로 전락하고 있다.

그 이유가 어디에 있는가. 대외적으로 개방과 자유화를 추진하면서 그에 대응하기 위해 경쟁력을 앞세운 무리한 구조조정을 하고 있기 때문이 아닌가. 허리띠를 졸라매고 구조조정을 통해 사람을 잘라내고 경쟁력을 키워야 기업이 산다고 하는데, 그 기업의 주인은 누구인가. 이미 우리나라의 주요 대기업과 금융기관의 주인은 외국인이 아닌가. 도대체 누구를 위한 개방이며 누구를 위한 경쟁력인가. 일반 국민들의 생활은 IMF 경제위기 때보다 더 어렵다고 하는데, 연일 상종가를 기록하는 주가 상승의 과실은 어디로 누구에게 가고 있는가.

한·칠레 FTA의 광풍은 지나갔다. 이성을 찾아 무엇이 국익이고, FTA와 같은 신자유주의적 경제정책이 과연 국민 대중의 삶에 어떠한 영향을 미칠지를 차분히 공개적으로 따져보아야 한다. 한·칠레 FTA와 같은 우를, 앞으로 전개될 한·일 FTA 등에서 되풀이해서는 안 된다.

("안국의 창", ≪참여연대≫, 2004.2.20.)

자유무역협정은 우리에게 무엇인가

자유무역협정(Free Trade Agreement: FTA)은 특정 국가 간에 서로 배타적인 무역특혜를 부여하는 협정으로서 가장 느슨한 형태의 지역경제통합 형태이며, 지역무역협정(Regional Trade Agreement: RTA)의 대종을 이루고 있다. 그런데 한마디로 FTA라 해도 구체적 내용이나 포괄 범위는 체약국에 따라 상당히 다른 양상을 보인다. 전통적인 FTA와 개도국 간의 FTA는 상품 분야의 무역자유화 또는 관세인하에 중점을 두는 경우가 많다. 그러나 WTO의 출범 이후 맺어지는 FTA에서는 적용 범위가 점차 확대되고 있다. 즉, 상품의 관세 철폐 이외에도 서비스 및 투자자유화까지 포괄하는 것이 일반적인 추세이고, 그 밖에 지적 재산권, 정부조달, 경쟁정책, 무역구제제도 등 정책의 조화 부문까지 협정 범위에 포함되고 있다.

FTA로 대표되는 지역주의(regionalism)는 세계화와 함께 오늘날 국제경제를 특징짓는 뚜렷한 조류의 하나이고, WTO 출범 이후 오히려 확산되고 있다. 예를 들면, 2004년 10월 현재 300개의 지역무역협정(RTA)이 GATT/WTO에 통보되어 있는데, 47년간의 GATT 시대에 통보된 지역무역협정이 124건인 데 비해 WTO 출범 이후 9년간 통보된 지역무역협정이 176건이다. 우리나라도 그동안

FTA에 대해서는 소극적이었으나, 2004년 4월 1일 한·칠레 FTA가 발효된 이후, FTA를 적극적으로 추진하고 있다. 통상교섭본부는 2007년까지 50여 개국과 FTA 협상을 동시다발적으로 추진하겠다고 언명하고 있다. 싱가포르와는 FTA 협정을 체결하였고, 금년(2005년) 7월에는 유럽 자유무역연합(EFTA), 연말까지는 동남아 국가연합(ASEAN)과 FTA가 체결될 전망이다. 정부는 교착상태에 빠져있는 한·일 FTA도 원래 예정대로 금년 말 체결을 목표로 노력하고 있다.

FTA가 세계적 조류를 형성하고 있는 마당에 FTA의 흐름을 거스를 수는 없다. 그렇다고 FTA는 무조건 많이 하면 할수록 좋은 것은 아니다. 맹목적인 자유무역론자들은 FTA가 경제성장, 물가안정, 국민 후생의 증가 등 국익을 증대시킨다고 주장한다. 다만, 이들은 FTA가 경제 전체적으로는 이익이지만, 농업 등 특정 분야에는 타격을 줄 수 있기 때문에 그 피해를 최소화하거나 보상하는 것이 필요하다고 주장한다. 그러나 이러한 자유무역론자들의 주장에는 많은 문제점이 있다.

우선 FTA가 반드시 거시경제 지표의 총량적 개선을 가져오는 것은 아니다. 예를 들어, 동아시아 및 남미의 외환위기(경제위기)에서 보듯이 무분별한 개방과 자유화는 국민경제를 초토화하는 심각한 위기를 불러오고 있다. 그리고 설사 FTA가 경제성장에 기여한다고 하더라도, 그것이 반드시 국민의 삶의 질 향상에 기여하는 것은 아니다. 자유무역론자들은 FTA가 국익을 증대시킨다고 하지만, 그것은 엄밀히 말하면 국제경쟁력을 지닌 초국적 대기업의 이익 극대화에 기여하는 것이지 국민 모두에게 이익을 주는 것은 아니다. 국제경쟁력을 갖지 못한 부문 혹은 계층에는 오히려 심각한 타격을 준다. 자유무역론자들은 FTA 피해의 최소화 내지는 보상을 말하지만, 그것은 실제로는 형식적인 보상이나 입에 발린 소리에 그칠 수밖에 없다. 왜냐하면 FTA에는 이익 배분이나 비용부담에서 공정성을 보장할 메커니즘이 없고, 국가의 개입에 의한 조정에도 명백한 한계가 있기 때문에, 이익과 비용이 특정 산업이나 계급에 집중되어 사회적 불평등을 심화시키는 것이 일반적이다.

또한 FTA는 무역자유화뿐 아니라 관세 및 비관세장벽, 서비스 시장의 개방, 투자, 정부조달, 지적 재산권 등 포괄적 분야를 협정 대상으로 하기 때문에 그 영향은 경제적 측면뿐 아니라 정치적·사회적·문화적·환경적 측면 등 사회의 모든 분야에 미친다. 따라서 FTA의 효과를 따질 때는 단순히 거시경제적 성과뿐 아니라, 금융 종속 및 국민경제의 불안정성, 노동자의 권리, 인권 및 환경 등에 미치는 영향을 반드시 고려해야 한다.

FTA는 WTO 등 다자간 무역협상에 의한 자유무역이 암초에 부딪히면서 그 돌파구로서 각광을 받고 있다. FTA를 주도하는 것은 초국적 자본이며, 그것은 신자유주의 세계화의 또 다른 표현이다. WTO든 FTA든 신자유주의 세계화가 확산되고 있는 반면에 그에 대한 반대운동도 점차 강해지고 있다. WTO에 대해 비판적인 NGO들은 WTO 체제가 국가주권과 민주주의의 침해, 노동권의 침해, 환경파괴, 인권침해, 식량안보 및 식품안전의 위협, 문화적·생물적·사회적 다양성의 파괴 등 인간 생활 전반에 파괴적인 영향을 미친다고 주장한다. 이러한 입장에서 보면 FTA는 WTO보다 훨씬 심각한 문제를 안고 있다. WTO는 자유무역을 기본이념으로 하면서도 GATT의 실용주의를 계승하여 자유무역에 대해서 나름대로 유연성을 보이고 있다. 그렇지 않으면 경제구조나 발전 수준이 상이한 나라들을 WTO라는 하나의 규칙(rule)으로 묶을 수 없기 때문이다. 반면에 자유무역협정은 국경조치의 철폐나 투자의 자유화 등 WTO에 비해서 훨씬 과격한 내용을 담고 있다. 또한 FTA는 공정한 세계무역체제를 지향한다는 WTO의 목적과도 일치하지 않는다. WTO는 기본적으로 무차별 자유무역을 지향하지만, FTA는 기본적으로 다른 나라에 대한 차별을 전제로 한다. FTA 지지자들은 FTA에 의한 무역창출효과가 무역전환효과보다 크기 때문에 FTA를 체결한 지역 내에서의 경제후생이 증대한다고 하지만, 전 세계적인 관점에서 보면 무역전환효과가 대단히 크기 때문에 세계적인 경제후생이 마이너스가 될 가능성이 높다.

끝으로 FTA를 농업, 농민만의 문제로 보는 것은 잘못이다. FTA는 농업과 공산품, 서비스의 개방뿐 아니라 자본(투자)의 개방 등을 포괄적으로 다루고 있다. 한·칠레 FTA의 경우, 칠레가 우리보다 후진국이면서 농업 부문의 경쟁력을 갖고 있기 때문에 농업 부문이 부각된 것일 뿐이다. 그러나 한·일 FTA의 경우 농업 부문에는 유리하지만, 대일 무역적자가 크게 늘어나고 중소기업을 중심으로 많은 기업이 도산될 것으로 예상되고, 자본(투자) 자유화 조치로 노동권의 침해, 환경 파괴 등이 우려되고 있어 노동계의 강력한 반발에 봉착하고 있다. 물론 우리나라 농업은 경쟁력의 취약성 때문에 FTA로 인한 피해가 가장 커다란 부분으로 인식되고 있다. 그러나 농업·농촌의 붕괴는 농민만의 문제가 아니고 우리 사회에 엄청난 재앙을 가져올 수 있다. 특히 심각한 도시문제뿐 아니라 식량안보 등 농업·농촌의 다원적 기능의 해체는 국민 전체의 불행이다. 그러나 FTA를 추진하는 사람들의 계량 모델에는 이러한 비시장적 가치는 포함되지 않는다.

　FTA가 세계적으로 확대되는 추세 속에서 그것에 편승하지 않는 경우 그에 따른 기회비용이 증대할 수 있기 때문에 FTA 자체를 외면할 수는 없다. 그렇다고 FTA는 다다익선(多多益善)이라고 맹목적으로 밀어붙여서는 안 된다. 우리 사회의 장기 비전과 경제발전 전략 속에서 FTA로 표현되는 지역주의가 어떤 의미를 갖는가를 올바르게 설정해야 한다. 또한 무엇보다도 중요한 것은 FTA에 따른 국내산업 대책을 철저히 세우고 국민적 공감대를 형성하는 것이다. 설사 FTA가 총량적으로 경제성장에 기여한다 하더라도, 산업 간, 계층 간, 지역 간 격차를 확대시키고 경제의 양극화를 심화시킨다면 정당화될 수 없다.

(≪단미사료협회보≫, 2005.4.14.)

동시다발 자유무역협정 유감

　'자유무역협정 지각생' 한국이 '우등생'이 되기 위해 발에 땀이 났다. 지난해(2004년) 4월 칠레와 4년의 진통 끝에 최초의 **FTA**를 간신히 성사시킨 후, 11월 싱가포르와의 공식 협상 타결에 힘입어 일본, 유럽연합, 동남아 국가연합, 멕시코, 인도, 캐나다, 미국 등 20여 개국과 자유무역협정을 위한 협상, 공동연구, 예비협의 등을 하고 있다. 이른바 동시다발적 협상 전략을 통해 '개방형 선진 통상국'으로 나아가겠다는 것이다. 자유무역협정을 동시다발적으로 추진하는 이유는 무엇인가. 통상교섭본부는 "짧은 기간 안에 여러 나라와 협정을 추진함으로써 그간 지체된 협정 체결 진도를 만회하고……또한 여러 나라와 동시에 협정을 추진하게 되면 자유무역협정 협상의 모멘텀을 유지할 수 있다"라고 설명한다. 이게 무슨 말인가. 자유무역협정은 많이 추진하면 할수록 좋은 것이니 닥치는 대로 하겠다는 전략인가. 박정희 개발독재 시대의 '수출만이 살 길이다'가 '개방만이 살 길이다'로 바뀐 것인가?

　우리 경제의 발전을 위해선 대내 개혁과 대외 개방을 지속적으로 추진하지 않으면 안 된다는 것에 이의를 달 사람은 많지 않다. 그렇다고 해서 극단적 개방주의자의 주장처럼 개방을 많이 하고 앞당겨 할수록 우리나라가 빨리 선진국이 되는 것은 아니다. 우선 우리나라는 폐쇄된 나라가 아니고 세계에서도 가장 개방된 나라라는 사실에 주목할 필요가 있다. 우리나라의 무역 의존도는 70%로 OECD 나라 가운데서 유럽연합에 속한 인구 1,000만 명 안팎의 몇몇 소국들을 제외하면 가장 높은 편이다. 우리나라의 주식시장은 외국인 지분율이 43% 수준으로 OECD 나라 중에서 헝가리를 제외하고 가장 개방되어 있다. 심지어 개방의 걸림돌처럼 치부되는 농업조차 식량 자급률 25%가 말해주듯이 세계에서 가장 개방된 시장이다.

다음으로 개방을 많이 할수록, 또 앞당겨 할수록 반드시 좋은 것은 아니다. 자유무역론자들은 자유무역협정이 경제성장, 수출증대, 국민후생의 증가 등 국익을 증대시킨다고 주장하지만, 객관적 근거가 없다. 설사 협정으로 경제가 성장하고 수출이 증대한다고 해도, 국민 생활이 반드시 향상되는 것은 아니다. 우리는 OECD 가입을 위한 무리한 자본시장 개방이 1997년 말 외환위기를 가져왔고, 무분별한 개방과 자유화는 투기자본에 의한 금융 종속과 국민경제의 불안정성을 가져오고, 농민과 노동자의 권리, 환경 등에 심각한 악영향을 부를 가능성이 있음을 잘 안다. 자유무역은 기본적으로 강자의 논리이기 때문에 국제 경쟁력이 있는 소수 수출 대기업의 이익은 극대화하는 반면, 경쟁력 없는 다수의 중소기업이나 농업 부문에는 심각한 타격을 준다. 그렇다고 자유무역으로 이익을 본 집단으로부터 손해를 본 집단으로 이익을 재배분할 메커니즘이 존재하지도 않는다. 날로 심화되는 우리 사회의 양극화가 이를 잘 말해준다. 연일 사상 최고를 경신하는 수출 부문, 침체의 늪을 헤매는 내수 부문의 심각한 균열을 극복하고 국외 부문과 국내산업의 선순환

구조를 형성하는 것이 개방 확대보다 급하다.

"자본가에게 착취당하는 것보다 더 나쁜 것은 자본가에게 착취당하지 않는 것"(존 로빈슨)이라는 말처럼, 자유무역 흐름을 거스를 수는 없다. 그렇다고 자유무역협정 대세론과 맹목적 국익론을 앞세워 동시다발적으로 밀어붙여서는 안 된다. 한국 사회의 장기 비전과 경제발전 전략 속에서 자유무역협정으로 표현되는 지역주의가 어떤 의미를 갖는가를 올바르게 설정해야 하고, 참으로 국민 다수의 이익에 기여하는지 따져봐야 한다. 또한 무엇보다도 중요한 것은 협정에 따른 철저한 국내산업 대책의 수립과 국민적 공감대의 형성이다. 이것이 안 되면 자유무역협정 추진 자체가 어렵고, 불필요한 사회적 갈등만 증폭시킬 뿐이다.

마하트마 간디는 말한다. "나는 우리 집의 사방이 벽으로 둘러싸이길 바라지 않으며, 우리 집 창문이 꽉 닫혀있기를 바라지 않는다. 나는 모든 나라의 문화가 가능한 한 자유롭게 우리 집 근처에서 흩날릴 수 있기를 바란다. 그러나 나는 그 무엇에 의해서도 나의 기반이 흔들리는 것은 원하지 않는다."

(《한겨레신문》, 2005.3.24.)

제4부

누구를 위한 협동조합인가

협동조합 개혁의 핵심은 신용사업과 경제사업의 분리

감사원의 감사 결과로 드러난 농협과 축협의 부실과 비리는 농민은 물론 일반 국민에게도 엄청난 충격을 주었다. 이를 계기로 협동조합의 철저한 개혁을 요구하는 목소리가 격앙되고 있다. 그런데 협동조합의 부실과 비리는 어제오늘의 일이 아니고, 그동안 검찰 수사만 해도 여러 차례 있었다. 그때마다 검찰은 협동조합의 개혁을 명분으로 내세웠지만, 실제로는 협동조합의 개혁은 공염불로 끝나고 중앙회장이 바뀌는 형태로 수습되었다. 또한 협동조합의 개혁은 정권이 바뀔 때마다 가장 중요한 농정과제로 등장하였지만, 번번이 실패하였다. 그 이유는 검찰의 수사가 정치적 입김에 의해서 좌우되어 정당성을 상실하고, 협동조합 내의 기득권 집단이 협동조합 개혁에 강력하게 저항하고, 농림부 관리와 정치권이 이들을 비호하였기 때문이다.

협동조합의 부실과 비리는 임직원을 바꾼다고 해결될 수 있는 문제는 아니고, 협동조합의 구조 자체를 개혁하지 않으면 안 되는, 말 그대로 구조적 문제이다. 우리나라의 협동조합 중앙회는 세계에 유례없는 매우 특이한 조직구조를 지니고 있다. 협동조합 중앙회가 농협, 축협, 수협, 임협, 삼협 등 5개의 중앙회로 분립되어 있으며,

각각의 중앙회는 서로 이질적인 기능(비사업적 기능과 사업적 기능)을 종합적으로 수행하고 있다. 비사업적 기능이란 회원조합의 지도·교육·감독 기능과 농정 활동 기능을 말하는 것이고, 사업적 기능이란 경제사업과 신용사업의 수행을 말한다(단, 임협과 삼협 중앙회는 신용사업을 하지 않고, 임협 중앙회는 독자적 경제사업이 없다). 협동조합 중앙회가 각 분야별로 나누어져 있고, 중앙회가 스스로 사업을 하는 나라는 세계 어디에도 없다. 그뿐만 아니라, 서로 성격이 다른 경제사업과 신용사업을 전국 단위에서 하나의 법인이 동시에 수행하는 나라도 없다.

이처럼 중앙회가 이질적 기능을 종합적으로 수행하고, 각 분야별로 분립되어 있는 특이한 구조로 인해 다음과 같은 문제들이 야기되고 있다. 첫째, 협동조합 중앙회 조직이 매우 비대하고 중앙회장의 권한이 막강한 반면에, 권한 행사를 효과적으로 감독할 체제가 갖추어져 있지 않다. 따라서 중앙회장과 임직원은 언제든지 비리에 연루될 가능성을 안고 있다. 둘째, 경제사업과 신용사업의 전문성과 효율성이 저해되고 있다. 그뿐만 아니라 중앙회가 은행금융, 정책금융 등 신용사업에 치중함으로써 회원조합의 경제사업 연합기능은 소홀히 되고, 경제사업은 만성적인 적자사업으로 전락하였다. 셋째, 중앙회의 본래적 기능인 지도·감독 사업이 매우 취약하다. 중앙회가 회원조합에 대한 지도·감독을 소홀히 한 것이 결국 단위 농협의 약 절반, 그리고 단위 축협의 거의 대부분이 자본잠식이라는 최악의 경영부실 상태를 가져온 것이다. 넷째, 각 중앙회의 수직적 구조로 인하여 독자적인 조직 확대가 지속되어 회원조합 간 신용사업의 과당경쟁이 초래됨으로써 스스로의 존립 기반을 위협하고 있다. 또한 일정 규모 이상의 경제사업의 경우도 영위하기 어렵다. 따라서 많은 회원조합의 경우, 필연적으로 부실경영에 빠질 수밖에 없다.

위와 같은 협동조합 중앙회의 문제점을 해결하기 위해서는 중앙회의 조직구조가 다음과 같이 근본적으로 개혁되어야 한다. 즉, 5개 중앙회를 하나로 통합하고, 중앙회의 이질적 기능은 기능별로 전문화하여 분리하는 것이 개혁의 기본방향이 되어야 한다. 구체적으로는 농협, 축협, 수협, 임협, 삼협 중앙회를 '농림수산협동조합 중앙회'(가칭)로 통합하고, 현행 각 중앙회의 경제사업은 전국연합회 체제로 전환하며, 현행 각 중앙회의 신용사업을 통합하여 '협동조합은행'(가칭)을 설립한다. 그리고 통합 중앙회는 사업은 하지 않고 회원조합과 경제사업 전국연합회와 협동조합은행이 농어민을 위해 제대로 사업을 수행하는가를 지도·감독하는 등 비사업적 기능만을 수행한다. 이러한 방향의 개혁은 통합의 이점과 전문성을 동시에 살릴 수 있다.

위의 개혁 방향에서 핵심적인 것은 현행 중앙회의 신용사업과 경제사업을 분리하는 것이다. 이 개혁안은 협동조합 중앙회 내의 기득권 세력을 제외하면 학계를 비롯해 협동조합 관계자들의 폭넓은 지지를 얻고 있으며, 중앙회의 신용사업과 경제사업의 분리는 1994년에 대통령 자문기관인 농어촌발전위원회를 통해서 이미 사회적으로 합의된 바 있다. 그럼에도 분리 반대론자들은 "신용사업에서 돈을 벌어 경제사업과 지도사업을 지원한다", 또는 "분리가 되면 농업 부문에 대한 자금공급이 어려워진다" 등의 논리를 내세워 개혁을 무산시키고 그들의 뜻을 관철하였다. 그러나 최근 밝혀진 바와 같이 경제사업이나 지도사업에 대한 지원은커녕 신용사업 자체가 부실화되고, 협동조합 중앙회가 대기업에 대한 부실 여신으로 인해

천문학적인 손실을 입었다는 사실은 이들 분리 반대론자들의 주장이
얼마나 허구였는가를 여실히 보여준다.

경제사업과 신용사업의 분리는 더 이상 미루거나 거역할 수 없는
시대적 요청이다. 이른바 금융 빅뱅이 진행되고 있는 현실 속에서
협동조합은 신용사업의 전문화와 효율화를 추구하지 않으면 신용사
업 자체의 존립을 위협받을 것이다. 협동조합의 사업은 경제사업(농
산물의 유통, 가공 및 판매) 중심으로 되고, 신용은 원활한 경제사업을
뒷받침하는 체제로 재편되어야 한다. 이를 위해서는 별도 법인으로
분리하는 협동조합은행은 회원조합과 경제사업 전국연합회가 공동
출자하여 설립하고, 농어민에 대한 금융을 주된 업무로 하는 특수은
행으로 할 법적·제도적 장치가 필요하다.

("시론", ≪매일경제신문≫, 1999.3.3.)

누구를 위한 협동조합인가

국민의 정부 출범 이후 2년여를 끌어오던 협동조합 개혁이 7월 1일 통합 농협중앙회의 공식 출범을 앞두고 종착역을 향해 가쁜 숨을 몰아쉬고 있다. 천문학적으로 불어나는 농가 부채, 수입농산물의 홍수와 농산물 가격의 폭락, 엎친 데 덮친 격의 구제역 파동 등으로 우리 농촌은 장래에 대한 불안에 떨고 있다. 어느 때보다 협동조합의 역할이 절실한 시점이다.

그러나 협동조합 개혁과정의 전말과 새로운 농협중앙회의 모습을 볼 때 기대보다 우려가 앞서는 것이 솔직한 심정이다. 더욱이 '통합 농협법'의 위헌 여부를 놓고 축협중앙회와 농림부, 농협중앙회 사이에 벌어지고 있는 공방을 보노라면 협동조합이란 무엇인가, 협동조합은 조합원의 자율조직인가 아니면 정부 산하기관인가 하는 근본적 회의에 부딪히게 된다.

통합농협법의 내용이나 위헌 여부를 논하기에 앞서, 협동조합은 무엇이고 왜 개혁되어야 하는가 하는 문제를 되돌아볼 필요가 있다. 협동조합은 본래 사회적 약자인 농민이 서로 협동하여 자신의 경제적·사회적 지위 향상을 위해 조직하는 자주적 결사체이다. 그러나 불행히도 우리나라의 협동조합은 조합원이 스스로 조직한 것이 아니라 정부의 필요와 요구에 의해 만들어지고 통제되어 왔기 때문에, 조합원은 주인의 자리에서 배제되어 왔다. 농업협동조합은 이러한 태생적 한계로 인해 그동안 '임직원을 위한 조합', '권력의 시녀', '독점자본의 파이프라인' 등 각종 비난을 받아왔다.

따라서 그간의 수많은 협동조합 개혁 논의의 핵심은 농업협동조합을 정부 통제에서 벗어나도록 해 본래 주인인 농민에게 되돌림으로써 '농민의, 농민에 의한, 농민을 위한' 협동조합으로 거듭 태어나게 하는 것이었다. 1988년 말 임시조치법을 폐지, 조합장과 중앙회장을 정부가 임명하는 대신 농민이 직접 선출토록 하고 농림부의 중앙회 사업승인권을 폐지하는 등 농·축협법을 개정한 것도 그 때문이다.

국민의 정부에서 협동조합 개혁도 원래는 이와 같이 농업협동조합을 농민에게 돌려주기 위한 개혁으로부터 시작되었고, 그를 위해서는 협동조합중앙회의 구조를 어떤 방향으로 바꾸는 것이 옳은가 하는 것이 주요 논점이었다. 그런데 통합농협법의 제정과정 및 그 이후 일련의 진행상황을 보면, 협동조합 개혁은 궤도를 이탈해 전혀 엉뚱한 방향으로 가고 있다.

농림부는 축협중앙회가 청구한 통합농협법에 대한 헌법소원 심판에서 협동조합중앙회는 공공성이 강한 특수법인이므로 정부가 법률에 의해 해산·합병할 수 있다고 주장하였다. 이게 무슨 말인가. 협동조합 중앙회가 지역 조합을 회원으로 한 자주적 연합체란 것을 부정하는 것이 아닌가. 그렇다면 협동조합 중앙회 창립총회는 무엇 때문에 하였고, 회장을 농민이 스스로 선출할 필요가 어디에 있는가.

공공성이 강하다고 해서 정부가 법률로써 마음대로 해산하고 합병할 수 있다면, 정당이나 시민단체도 독립성을 유지할 수 없다는 것 아닌가. 농림부는 농업협동조합중앙회를 농민의 자주조직이 아니라 정부 산하기관쯤으로 보고 있는 것이 아닌가. 더욱 한심스러운 것은 농협중앙회가 농림부의 이러한 주장에 동조하여 스스로 정체성을 부정하고 있다는 점이다.

나는 그동안 기회 있을 때마다 통합농협법의 내용상 문제점을 지적한 바 있다. 그러나 지금 우리는 통합농협법의 내용이 아니라 협동조합의 정체성이라는 더욱 근본적 문제에 직면해 있다. 헌법재판소의 헌법소원 심판 결과에 따라 우리나라 협동조합은 농민의 자율조직으로 거듭 태어날 것인가 아니면 수십 년 후퇴하여 정부에 예속될 것인가 하는 기로에 서있다. 이 점에 헌재 판결의 역사적 의미가 있다. 우리는 어떠한 경우라도 농협과 축협을 주인인 조합원에게 돌려주어야 한다는 당위를 부정해서는 안 된다.

("아침을 열며", ≪한국일보≫, 2000.5.25.)

협동조합, 왜 개혁되지 않는가

지난 연말(2000년) 4학년 졸업반 학생 두 명이 농협중앙회에 취업하려는데 도움을 받고 싶다고 찾아온 일이 있다. 그래서 내가 왜 농협중앙회에 가려고 하느냐고 물었더니, 학생들의 대답은 튼튼한 은행이기 때문이란다. 그 대답이 솔직히 귀에 거슬렸지만 달리 해줄 말도 없고 해서 취업하게 되면 열심히 일하라고만 일러주었다. 농협중앙회 스스로 튼튼한 민족은행이라고 선전하고, 은행업이 중앙회 사업의 중심을 이루고 있는 게 현실인데 어찌 학생들을 탓하겠는가.

'국민의 정부'(붕어빵에 붕어가 없듯이, 요즈음 국민의 정부에는 국민이 없다는 말을 자주 듣는다)는 지난해 7월 1일 축산업협동조합중앙회와 인삼협동조합중앙회를 농업협동조합중앙회로 통합하였다. 지난해 10월 10일에는 통합의 시너지 효과를 극대화하고 그 이익을 농업인과 소비자에게 돌려주기 위해 2단계 농협 개혁을 추진한다고 발표하였다. 그리고 최근 농협중앙회는 이러한 개혁을 전담하기 위해 농협구조개혁본부를 꾸리고 농협개혁위원회를 구성하였다. 정부와 농협중앙회는 통합을 계기로 "조합원이 아닌 임직원을 위한 협동조합에서 조합원을 위한 협동조합"으로 다시 태어난다고 대외적으로 표방하였다. 그리고 이를 위해 중앙회 사업을 간소화하고 회원조합에 대폭 이양하는 한편, 중앙회와 회원조합을 경제사업 중심으로 적극 육성하고, 회원 조합을 건전 육성하여 조합원에 대한 서비스 기능을 대폭 강화하겠다고 하였다.

과연 협동조합은 개혁되고 있는가. 우선 농협중앙회는 중앙회를 간소화한다고 하면서 (구)농협중앙회의 경제사업을 회원조합에 이양하는 것이 아니라 농협중앙회가 지배권을 갖는 자회사 (주)농협유통으로 대거 이관시키거나 별도의 자회사 설립을 추진하고 있다. 자회사 중심의 경제사업은 중앙회의 합리화에는 기여할지 모르지만, 주식회사의 특성상 이윤극대화를 추구하지 않을 수 없고 이는 협동조합의 정신이나 농민 조합원의 이해와 일치하지 않을 것이다. 실제로 2단계 협동조합 개혁에서는 이사회와 대표이사 간 경영계약을 체결하고 경영성과를 평가하여 그에 상응하는 성과급을 차등 적용하는 등 일반 주식회사의 경영방식을 채택하고 있는데, 이는 중앙회와 회원조합 혹은 농민조합원과의 마찰을 더욱 심화시키는 결과를 가져올 것이다. 현재도 중앙회의 경제사업에 대해 농민조합원과 회원조합은 중앙회가 자신의 이익 챙기기에 급급하다는 비난의 목소리가 높지 않은가. 그리고 협동조합이 농민들을 대상으로 '돈 장사'에만 열을 올리고 농민조합원에 대한 서비스에는 관심이 없다는 비난의 목소리도 적지 않다.

정부와 농협중앙회는 개혁을 한다고 하는데, 전문가들과 농민 조합원이 바라보는 시각은 곱지 않다. 그것은 개혁이 가시적인 성과를 내기에는 아직 시간이 부족한 탓일까. 아니면 농민조합원들이 협동조합에 대해 과도한 기대를 하는 탓일까. 그러한 측면이 없는 것은 아니겠지만, 가장 본질적인 것은 개혁의 방향이 잘못되어 있기 때문이다. 지난 4월 7일 발족한 신자유주의 극복을 위한 대안정책연대회의(약칭 대안연대회의)는 우리나라 경제가 위기에서 벗어나지 못하고 있는 이유가 "개혁의 부족이 아니라 잘못된 개혁 때문이다"라고 지적하고 사고의 전환을 촉구하고 있다. 협동조합 개혁이 한편에서는 지지부진하고 다른 한편에서는 거꾸로 가고 있는 것은 개혁의 시간이 부족해서가 아니라 협동조합의 개혁이 잘못된 방향으로 이루어지고 있기 때문이다. 정부는 농·축·인삼협 중앙회를 강제 통합하면서 그 명분을 "세계에 유례없이 품목별로 나누어져 있는 중앙회"에서 찾았는데, 왜 '사업을 하는 중앙회', 더욱이 경제사업과 신용사업을 동시에 수행하는 중앙회 역시 세계에 유례가 없다는 사실에 대해서는 눈을 감았는지 묻지 않을 수 없다. 최근 한·칠레 자유무역협정 반대집회를 둘러싸고 농협중앙회가 농민의 목소리를 대변하지 못하고 오히려 농민단체협의회와 마찰을 빚은 것도, 농협중앙회가 여전히 정부의 통제를 받으면서 돈벌이하는 사업체이기 때문이다.

우수한 학생들이 농협중앙회에 들어가면서 은행에 입사한다고 생각하는 한, 협동조합의 장래는 어둡기만 하다. 중앙회는 비사업체로 독립시키고, 중앙회의 신용사업과 경제사업을 분리하는 방향으로의 협동조합의 개혁을 다시 한 번 강조한다.

("시론", ≪농수축산신문≫, 2001.4.8.)

농림부의 직무유기

지난 10월 4일 농림부는 금년 내 「농업협동조합법」을 개정하기로 하고 개정안을 입법 예고하였다. 그런데 이번 농협법 개정안은 농협 개혁의 핵심인 농협중앙회 신용사업과 경제사업의 분리(이하 신·경 분리)를 철저하게 외면하고, 현행 「농협법」에 규정된 농림부의 의무를 스스로 방기하였다는 점에서 놀라움을 금할 길 없다.

농협중앙회의 신·경 분리는 적어도 지난 10년간 늘 농협 개혁 과제의 핵심적 자리를 차지해 왔다. 그 이유는 첫째, 중앙회의 경제사업이 회원조합의 경제사업을 지원하는 연합회 기능을 제대로 수행하기 위해서는 신용사업 의존 체질을 벗어나야 하고, 둘째, 금융자유화에 따른 경쟁의 심화로 중앙회의 신용사업의 여건이 점차 나빠지고 있기 때문에 신용사업도 전문화하여 경쟁력을 키우지 않으면 안 되며, 셋째, 중앙회가 회원조합에 대한 지도·교육·감독 및 농정활동에 전념하는 본래의 중앙회(비사업조직)로 탈바꿈하기 위해서도 신·경 분리가 필요하다는 데 있다. 나아가서 지역농협이 돈놀이 중심에서 농산물의 유통·가공 중심으로 전환되기 위해서도 중앙회의 신·경 분리가 전제되어야 한다. 농협중앙회의 신·경 분리에 대해서는 광범한 사회적 합의가 형성되어 있었고 수차례 기회가 있었지만, 개혁 대상인 농협중앙회의 반발과 농림부 관료의 미온적 태도로 인해 번번이 무산되었다.

현행 「농업협동조합법」은 제정 당시 최대의 쟁점이었던 통합 농협중앙회의 신·경 분리에 대해 분명한 입장을 밝히지 않고 다음과 같은 교묘한 방법으로 비켜갔다. 즉, 「농협법」 부칙 제16조에 신·경 분리 문제는 "국제적으로 권위 있는 기구에 신·경 분리의 타당성을 검토하기 위한 연구를 의뢰하고 그 결과를 법 시행 후 2년 이내에 국회에 제출하고, 농림부 장관은 국회에 제출한 날로부터 2년 이내에 연구 결과에 따른 조치를 시행하도록 하고, 또한 중앙회 신용사업과 경제사업의 분리를 추진하기 위하여 협의기구를 설치·운영"하도록 하였다. 이 법에 기초하여 금융연구원을 중심으로 신·경 분리에 관한 연구가 진행되었고, 농림부 내에 신·경분리추진협의회가 설치·운영되었으며, 이와는 별도로 농협중앙회는 농협개혁위원회를 설치하여 신·경 분리를 논의하였다.

그동안의 연구와 논의 결과 이제 농협중앙회의 신용사업과 경제사업의 분리 여부는 더 이상 논란의 대상은 아니라 기정사실화되었고, 이는 농협중앙회조차도 부정하지 않는다. 우선 현행법 부칙에 의해 농협중앙회의 신·경 분리 문제를 연구한 금융연구원은 전제조건을 달기는 하였지만 중앙회 신용사업과 경제사업이 분리되어야 한다는 결론을 내렸다. 그리고 농협중앙회에서 운영한 농협개혁위원회에서도 분리 시기에는 이견이 있었지만 신·경 분리 자체에는 합의하였다. 그렇다면 농림부는 당연히 그동안의 연구와 논의 결과를 반영하여 이번 농협법 개정안에 농협중앙회의 신용사업과 경제사업의 분리를 언제 어떻게 시행하겠다는 내용을 담았어야 한다. 그러나 농협법 개정안은 중앙회 회장을 상임에서 비상임으로 전환하는 등 중앙회 지배구조 문제를 부분적으로 다루고 있을 뿐, 신·경 분리 문제에 대해서는 아무런 언급이 없다. 이는 농림부의 고의적인 직무 유기이고, 농협 개혁에 대한 사회적 열망을 철저하게 외면한 것이다.

농협중앙회의 신용사업과 경제사업의 분리는 더 이상 미룰 수 없는 시급한 과제이다. 신용사업에서 돈을 벌어 경제사업의 적자를 메운다거나 경제사업이 필요할 때 신용사업에서 돈을 쉽게 가져다 쓸 수 있다는 기득권자들의 신·경 분리 반대 논리를 한가롭게 전개하고 있을 때가 아니다. 농협의 올바른 개혁 없이는 현재의 농업위기로부터 벗어날 수 없다. 그뿐 아니다. 지금과 같은 중앙회 구조로는 농협의 경제사업이 활성화될 수 없을 뿐 아니라, 중앙회의 신용사업도 곧 존립에 위협을 받을 것이다. 중앙회의 신용사업과 경제사업을 분리하여 각각 별도 법인이 담당하도록 함으로써 전문성과 경쟁력을 제고하고, 농협중앙회는 비사업체로 전환하여 농정 활동 및 지도·교육을 담당하도록 하는 방향으로 「농업협동조합법」이 개정되어야 한다.

(≪한국일보≫, 2003.10.16.)

농협 개혁과 국회의 책임

17대 총선 결과를 두고 많은 사람들은 헌정사상 처음으로 의회권력이 민주적으로 교체되었다고 흥분하였다. '의회 권력의 교체'로 그동안 지체되어 온 개혁들이 과연 탄력을 받을 것인가. 아마도 그 첫 번째 시험대는 농업협동조합 개혁이 될 것 같다. 정부가 새 국회의 개원과 함께 농협법 개정안을 제출할 예정이기 때문이다.

흔히들 협동조합만 제구실을 해도 농업문제의 절반은 해결될 것이라고 한다. 농협이 농촌 지역사회에서 수행하는 구실은 실로 크다. 그런데 얼마 전 지역농협의 조합원들이 스스로 자신들의 조합을 해산 결의하는 사상 초유의 사태가 벌어져 충격을 주었다. 최근 조합과 조합원의 대립은 전국적으로 확산되는 양상이다. 표면상으로는 임직원의 급여나 상호금융 대출금리를 둘러싼 갈등이지만, 근본적으로는 조합이 조합원의 요구에 제대로 부응하지 못한 데서 비롯된다.

조합원들의 불만은 한마디로 "조합이 돈 장사에만 급급해 농산물 판매 등 경제사업은 등한시한다"는 데 있다. 농산물 산지 마케팅 조직으로서 제구실을 하는 조합이 없는 것은 아니지만, 거의 대부분의 지역조합은 신용사업에서 돈을 벌어 경제사업의 적자를 메우는 식으로 조합을 운영한다. 그러나 이러한 신용사업 중심의 조합운영은 농업 및 금융 여건의 급격한 변화로 이미 한계에 도달하였다. 신용사업 중심에서 조합원의 농산물 판매를 기본으로 하는 조합으로, 하루빨리 전환하지 않으면 안 된다. 이를 위해서는 조합의 사업 및 경영에서 조합원의 민주적 통제장치가 작동할 수 있도록 조합의 지배구조가 개혁되어야 한다. 조합의 합병, 경영과 소유의 분리, 준조합원의 증대와 조합원 구성의 이질화 등 지역조합의 개혁 과제는 산적해 있다.

지역농협의 개혁을 위해서는 지역 조합 스스로의 노력이 선행되어야 하지만, 농협중앙회의 지도·감독 역할도 매우 중요하다. 그렇지만 현행 농협중앙회는 사업체이기 때문에 회원조합에 대한 지도·감독·교육과 조사 및 농정 활동이라는 본래의 기능보다는 자체 수익사업에 더 많은 관심을 기울이지 않을 수 없다. 더욱이 중앙회 사업이 회원조합이나 농민조합원과는 상관없는 은행 업무 중심이고, 심지어 지역조합과 경합을 벌이는 상태에서는 회원조합에 대한 지도·감독 기능을 제대로 수행할 수 없다.

농협이 '농민을 위한 협동조합'으로 거듭나기 위해서는 우선 농협중앙회가 개혁되어야 한다. 중앙회는 회원조합에 대한 지도·감독·교육과 조사 및 농정 활동을 주로 하는 비사업체로 전환하는 한편, 현행 중앙회의 신용사업과 경제사업은 각각 별도의 법인으로 독립하여 전문성을 강화하는 것이다. 이러한 개혁방향에서 핵심적 지위를 차지하는 신용사업과 경제사업의 분리(이른바 신·경 분리)는 문민정부 때 이미 사회적 합의에 도달한 사항이다. 그럼에도 신·경 분리가 아직도 실현되지 않고, 논란이 계속되는 데는 국회의 책임이 매우 크다. 14대 국회는 정부가 제출한 신·경 분리 방안을 자구 수정을 통해 실질적으로 무산시켰고, 15대 국회는 현행 「농업협동조합법」 제정 당시 최대의 쟁점이던 통합 농협중앙회의 신·경 분리에 대해 정부가 교묘한 방법으로 4년간 뒤로 미루는 것을 묵인하였다.

정부는 현행 「농협법」 부칙 제16조에 따라 6월 중에 신·경 분리 방안을 국회에 제출해야 한다. 지금까지 알려진 바로는 정부의 농협 법 개정안은 중앙회의 신용사업과 경제사업의 분리는 외면한 채 책임경영체제의 강화를 주된 내용으로 하고 있다. 만약 이 정부안대로 「농협법」이 개정된다면 신·경 분리 문제는 10년 전 「농협법」 개정 당시로 되돌아가는 꼴이 된다. 정부와 농협중앙회가 개혁을 거부하며 시간만 끌고 있는 동안 협동조합의 병은 깊어가고 농민의 신음 소리는 높아만 간다. 17대 국회는 독립사업부제의 강화 등 미봉책으로 농협 개혁이 표류하는 것을 좌시해서는 안 된다. 급격한 개혁으로 인한 부작용이 우려된다면 충분한 유예기간을 두는 것은 좋지만, 중앙회 신·경 분리의 원칙과 시기를 분명히 하는 방향으로 「농협법」을 개정하는 것은 새로운 의회 권력의 책임이다.

("시평", ≪한겨레신문≫, 2004.5.27.)

정대근 농협중앙회장에게

　　우리나라 농업과 농촌 발전을 위해 불철주야 애쓰시는 회장님과 농협 임직원님들의 노고에 진심으로 경의를 표합니다. 오늘 우리 농업과 농촌이 있기까지 농협이 기여한 공로는 실로 적지 않았습니다. 그런데 유감스럽게도 꽤 오래전부터 농민을 비롯한 일반 국민들이 농협을 보는 시선이 곱지 않은 게 현실입니다. 농협중앙회에 대한 지난 국정감사 때, "농민들은 빚에 허덕이는데 농협중앙회의 임원들이 수억 원대의 연봉 잔치를 해도 되느냐"라는 국회의원들의 질타에는 제 얼굴이 뜨거웠습니다. 그리고 얼마 전 어느 국영 텔레비전이 지역농협 임직원의 급여 실태를 폭로하면서 마치 그들이 무슨 부도덕한 집단인 것처럼 몰아세우는 것을 보면서, 말없이 주어진 임무에 충실해 온 수많은 농협 직원들의 사기 저하가 우려되었습니다.

　　저는 오늘 우리 농협의 문제를 "농업과 농민이 어려운데 농협 임직원은 급여를 너무 많이 받는다"라는 식으로 접근하는 것은 단편적이라 생각합니다. 그렇지만 농협 임직원들의 연봉이 다른 금융기관에 비하면 적다는 농협 쪽의 궁색한 해명에는 동의하지 않습니다. 저는 우리 농협의 문제는 좀 더 구조적이고 근본적인 데 있다고 믿습니다. 「농협법」에, 지역농협은 조합원의 이익을 위하도록, 그리고 농협중앙회는 회원조합의 공동이익의 증진과 그 건전한 발전을 도모하도록 되어있습니다. 이것은 협동조합의 정신에 비추어보면 너무도 당연한 법 규정입니다. 그러나 오늘날 우리 농협의 구조와 사업은 이러한 협동조합 정신과는 너무도 거리가 멉니다.

흔히들 지역농협이나 중앙회 모두 경제사업은 등한시하고 신용사업에만 몰두한다고 비난합니다. 그런데 그 신용사업도 조합원이나 회원조합을 상대로 한 것이 아니라, 주로 비농민을 상대로 하고 있습니다. 예를 들어 지역조합의 신용사업을 보면, 예수금과 대출금에서 차지하는 농민조합원의 비중은 각각 22%와 44%에 지나지 않습니다. 농협중앙회의 경우는 사정이 더욱 심각합니다. 중앙회의 조직·인력·자본이 집중되어 있는 은행 업무는 회원조합이나 농민과는 아무런 상관이 없는 도시민을 상대로 한 돈 장사입니다. 아주 단순하게 말하면 농협 임직원의 급여는 은행 업무의 수익에 의해서 결정되지 농민들의 경제 형편과는 별 상관이 없습니다.

이처럼 지역조합과 농협중앙회의 구조와 사업이 농민조합원이나 회원조합원의 이해에 기초하지 않는 것은 협동조합의 정체성 자체를 위협하는 심각한 문제입니다. "농협은 임직원을 위한 조직이다" 혹은 "농업과 농민은 쇠퇴하는데 농협만 번성한다"라는 비난이 끊이지 않는 근본원인은, 농협의 구조와 사업이 농업·농민과 괴리되어 있기 때문입니다. 농업과 농협의 괴리 현상을 극복하고 농협이 문자 그대로 '농업협동조합'으로 거듭나기 위해서는 농협을 근본적으로 개혁하지 않으면 안 됩니다. 그 개혁의 출발점이자 핵심적 과제는 중앙회의 신용사업과 경제사업을 각각 독립법인으로 분리하고, 중앙회는 본연의 임무인 회원조합에 대한 지도·교육·감독에 충실하도록 개혁하는 것입니다. 그러나 이러한 개혁은 정관계, 언론계, 학계, 그리고 농민단체에 대한 막강한 로비력을 갖고 있는 농협중앙회가 거부하는 한 무산될 수밖에 없다는 것은 그간의 사정이 말해줍니다. 오죽하면 신·경 분리를 반대하는 농협중앙회에 대해 1년 내에 스스로 신·경 분리 방안을 내놓으라는 우스꽝스러운 농협법 개정안을 정부가 국회에 제출했겠습니까.

저는 최근 회장님께서 전개하고 계시는 '새농촌·새농협 운동'을 전폭적으로 지지합니다. 그렇지만 회장님이 말씀하시는 대로 "농업인과 국민으로부터 신뢰받는 농협으로 새롭게 태어나기 위해서는" 농협중앙회의 구조를 개혁하지 않으면 안 됩니다. 농협 개혁을 통해 '농업과 농협의 재결합'을 이루어내고 수만 명의 농협 직원이 신명나게 농업 살리기에 나선다면 우리 농업에도 희망이 있습니다. 남은 임기 내에 신용사업과 경제사업의 분리를 포함해 농협중앙회를 근본적으로 개혁하겠다는 회장님의 결단이 절실히 필요한 시기입니다. 회장님의 건승을 기원합니다.

("시평", ≪한겨레신문≫, 2004.11.4.)

협동조합의 정체성과 농협 개혁

얼마 전, 지난해에 농협중앙회로부터 최우수조합으로 평가받은 구미장천농협과 파주교하농협에서 조합원들이 스스로 자신의 조합을 해산 결의하는 사상 초유의 사태가 발생하여 충격을 주었다. 해산 결의까지 가지는 않았다 해도, 조합과 조합원이 대립하는 사태가 전국적으로 확산되는 양상을 보이고 있다. 표면상으로는 임직원의 급여나 상호금융대출 금리를 둘러싼 갈등이지만, 근본적으로는 조합이 조합원의 요구를 제대로 부응하지 못한 데서 비롯된다.

조합원들의 불만은 한마디로 "조합이 농산물판매 등 농민들에게 이익이 되는 경제사업은 등한시하고, 조합수익에 도움이 되는 돈장사에만 급급하고 있다"라는 것이다. 농협이 신용사업에만 치중하고 경제사업은 소홀히 한다는 비판은 어제오늘의 일이 아니고, 농협 스스로가 그 문제를 잘 인식하고 있다. 그럼에도 이러한 문제가 해결되기는커녕 더욱더 심각해지고 있는 이유가 어디에 있을까. 그것은 우리나라 농업협동조합이 가지고 있는 구조적 모순 때문이다. 달리 말해 협동조합의 정체성에 문제가 있다. 우리나라의 농협은 '조합원에 의한, 조합원의, 조합원을 위한 협동조합'이라는 민주주의 원칙에 비추어보면 엄밀한 의미에서 협동조합이라고 하기 어렵다. 그 이유는 다음과 같다.

우선 농민들이 협동조합에 대한 주인 의식이 없다. 이는 농협이 농민 스스로 조직한 자주적 결사체가 아니라 관에 의해서 만들어지고 관에 의해서 통제되어 왔기 때문이다. 농협의 전신인 금융조합과 산업조합이 일제 식민지 통치수단으로서 역할을 충실히 한 것은 말할 나위도 없고, 5·16 쿠데타 이후의 농업협동조합(농업은행과 구농업협동조합의 통합)은 군사정부의 개발독재를 뒷받침하는 농촌 지역의 첨병 역할을 해왔다. 결국 우리나라 농업협동조합은 탄생부터 농민조합원의 요구와 필요에 기초하여 만들어진 것이 아니라 권력의 요구와 필요에 의해서 탄생하였기 때문에, 농민 조합원은 주인의 자리에서 배제되어 온 것이다.

이러한 태생적 한계에 더해, 우리나라 농협의 조직원리의 특수성이 문제를 복잡하게 한다. 우리나라 농협은 일정한 지역을 범위로 해서 모든 농민이 가입하는 강한 인적 연대성, 공동체적 연대에 기초하고 있다. 개별 농민들은 태어나면서부터 그 마을의 구성원이기 때문에 특별한 의식 없이 그 지역의 농협의 조합원이 된다. 그만큼 조합 간, 그리고 농협과 조합원 간의 인적 유대는 강력하지만, 조합원에게는 무엇을 위해 조합에 가입하는가 하는 목적의식이 불분명하다.

둘째, 우리나라의 농협은 판매, 구매, 신용, 지도, 공제 사업을 겸영하는 종합농협의 형태를 취하고 있다. 이러한 종합농협은 조합원의 구성이 동질적일 때는 별 문제가 없다. 그러나 오늘날 우리나라 농협의 구성원은 매우 이질적이다. 1975년 농가호수 238만 호에서 지역농협 조합원 수 190만 명이던 것이, 2000년에는 농가호수가 138만 호로 100만 호나 감소한 반면 지역농협 조합원 수는 200만 명으로 오히려 10만 명이 늘었다. 이는 조합원의 자격이 느슨해지고 농가단위가 아니라 개인단위로 가입하여 복수조합원이 늘어났기 때문이다. 조합원 수의 증가와 더불어 조합원 내부의 분화, 이질화가 급속히 진행되고 있다. 즉, 같은 조합원이지만 작목이 전혀 다르고, 경영규모에도 차이가 크다. 소수의 전업농가와 대다수의 영세 고령 농가로 분화되면서 조합원의 조합에 대한 기대와 요구가 달라진다. 또한 농촌에서 혼주화가 진행되면서 농민조합원(정조합원)이 아닌 비농민조합원(준조합원)이 급속히 늘고 있다. 2000년 현재 농협의 준조합원은 740만 명으로 정조합원의 3.5배에 달하고 있다. 2001년 9월 말 기준으로 회원조합 예수금 77조 6,000억 원 중 조합원 예수 금은 14.3%(11조 원)에 불과한 반면, 준조합원은 67.4%(52조 3,000 억 원), 비조합원은 18.3%(14조 2,000억 원)로 조합원의 그것을 크게 능가하고 있다. 지역조합 신용사업의 준조합원 및 비조합원 의존구 조는 대출에서도 다르지 않다. 한편 지역농협의 조수익(2000년) 구성 을 보면, 경제사업 17.2%, 신용사업 74.1%, 공제사업 8.6%로 되어 있다.

조합원의 대부분이 농업경영에 커다란 관심이 없는 영세농가이고 조합사업의 중심이 준조합원 혹은 비조합원의 신용사업에 놓여있는 구조에서 지역조합의 사업이 경제사업 중심으로 수행되기를 바라는 것은 어떤 의미에서 연목구어에 가깝다. 지역조합의 이러한 구조적 모순은 합병을 한다고 해서 해결될 문제가 아니다. 그렇지만 조합규 모의 영세성으로 인한 고비용 저수익 구조, 금융시장 및 유통시장의 여건 변화로 인해 우리나라 지역농협이 지니고 있는 구조적 문제가 현재화하고 있다.

한편 지역농협의 구조와 운영이 농민조합원의 이익에 기초하지 않은 것과 마찬가지로, 농협중앙회의 구조와 사업도 회원조합인 지역농협의 이익에 기초하지 않고 있다. 우리나라 농협중앙회는 중앙회의 본래 기능인 지도·교육·감독·농정 활동 이외에 신용사업과 경제사업을 겸영하는 종합농협 체제를 갖추고 있다. 회원조합이 출자하여 설립한 농협중앙회는 1,335개 조합을 대표하는 생산자단체이면서, 예수금 92조 원(회원조합 포함 200조 원)의 은행, 업계 4위의 보험회사, 8조 원의 유통회사이다. 그러나 회원조합의 상호금융 업무와 무관하거나 심지어 경쟁관계인 중앙회 자체 은행 업무에 농협중앙회의 조직·인력·자본이 집중되어 있으며, 그나마 정부 의존도가 높다. 즉, 중앙회 인력 1만 5,000명 중 74%가 신용사업에 종사하며, 자본금 5조 원 중 경제사업 분야 자본금은 5.4%인 2,715억 원에 불과하다. 그리고 예수금 92조 원 중 36%가 금고 예수금이고, 대출금 59조 원 중 31%가 정책대출금이다.

이처럼 회원조합과 농협중앙회의 구조와 사업이 농민 조합원이나 회원 조합원의 이해에 기초하지 않은 것에 우리나라 농협의 근본적인 문제가 있다. 따라서 문제의 근본적 해결책은 농협 구조와 체제의 개혁을 통해 협동조합의 정체성을 회복하는 것이다. 농업과 농민은 쇠퇴하는데 농협만 번성한다는 말이 있다. 농업과 농협의 괴리, 즉 농협이 농업과 농민 이외의 분야에서 그 조직과 사업을 확대하고 있음을 말한다. 농업과 농협의 괴리 현상을 극복하고 농협이 문자 그대로 '농업협동조합'으로 거듭나기 위해서는 회원조합이나 농협중앙회나 모두 개혁되어야 하고, 그 출발점은 신용사업과 경제사업의 분리에서 찾아야 한다. 즉, 농협이 본래의 역할인 경제사업은 등한시한 채 비농민 혹은 도시인을 상대로 한 은행 업무에 치중하고 있는 현재의 사업구조를 바꾸어 조합원 혹은 회원조합을 위한 협동조합으로 거듭나기 위해서는 신용사업과 경제사업을 분리하지 않으면 안 된다.

그런데 회원조합의 신용사업과 경제사업의 분리는 단순하지 않다. 이것은 현재의 신용사업과 경제사업을 단순히 분리해서 각각 별도의 독립법인으로 만드는 것으로 해결될 문제가 아니다. 여기에는 협동조합구조의 근본적인 개편이 전제되지 않으면 안 된다. 즉, 우리나라 농협은 지역조합적 성격을 지니고 있는데, 지역농협의 신용사업과 경제사업을 분리한다면, 경제사업은 지역(읍·면뿐 아니라 시·군)의 제약을 벗어나 광역전문조합으로 재편되어야 할 것이고, 신용사업은 지역금융기관 체제로 전환되어야 할 것이다. 경제사업은 농민조합원을 대상으로 한 품목 중심의 전문농협으로 발전하고, 신용사업은 농민뿐 아니라 지역 주민 전체를 대상으로 하는 지역금융기관으로 발전해야 할 것이다. 그러나 이러한 방향으로의 신용사업과 경제사업의 분리는 현 단계에서 보면 이론적으로 혹은 이념적으로 제기될 수는 있지만 당장 실현될 수 있는 것은 아니다. 여기에는 행정조직의 재편을 포함해 지역농업의 존재 방식 등 해결해야 할 과제들이 산적해 있다. 따라서 현 단계에서 우선 회원조합은 신용사업과 경제사업을 철저한 독립사업부제로 운영하여 경제사업을 강화하기 위한 노력을 하는 것이 급선무이다.

그렇지만 농협중앙회의 신용사업과 경제사업의 분리는 더 이상 미룰 필요가 없다. 중앙회의 신·경 분리는 지난 10여 년간 농협개혁의 핵심 과제로 제기되어 왔고, 이에 대해서는 사회적 합의도 이루어진 상태이다. 농협중앙회조차도 신·경 분리의 당위성에 대해서는 이의를 제기하기 어렵게 되자, 신·경 분리 반대론자들은 신·경 분리의 시기와 방법, 그리고 전제조건 등에 이의를 제기하며 실질적으로 신·경 분리를 막고 있다. 지난 1999년에 개정된 「농협법」에서 부칙에 신·경 분리의 타당성 연구라는 명목으로 4년간 신·경 분리를 유예한 것이나, 이번에 정부가 제출한 농협법 개정안에서 "중앙회 신용·경제사업의 분리를 위해서는 자본금 확충, 경제사업 독자 생존, 지도사업비 확충 등에 대한 구체적 검토가 필요하기 때문에, 농협중앙회로 하여금 법 시행 후 1년 내 자본금 확충 등 세부추진계획을 작성·제출토록 추진한다"라고 한 것은 신·경 분리를 반대하는 측의 집요한 로비의 결과로 보아야 할 것이다.

특히 이번 농협법 개정안에서 농협중앙회가 그동안 신·경 분리의 반대 논거로 제시해 온 것들을 신·경 분리의 전제조건으로 설정하고, 더욱이 그것을 농협중앙회로 하여금 추진계획을 세우도록 한 것은 농협 개혁의 후퇴라고 볼 수밖에 없다. 이에 대해 정부는 협동조합의 자율성을 존중한 것이라고 하지만, 사실은 직무유기에 다름 아니다. 가령 1년 뒤에 농협중앙회가 가까운 시일 내에 전제조건을 충족할 수 없다는 이유로 신·경 분리 반대 의견을 제시한다면, 정부는 어떻게 할 것인가. 정부 말대로 자율성을 존중한다면 중앙회 의견대로 신·경 분리를 하지 말아야 하는데, 이는 농협 개혁의 포기일 뿐 아니라 한국 농업을 포기하는 것이나 다름없다. 그렇다고 중앙회의 의견을 무시하고 정부가 일방적으로 신·경 분리를 추진한다면 협동조합의 자율성을 무시했다는 자가당착에 빠지고 중앙회의 엄청난 저항에 부딪힐 것이 아닌가. 따라서 정부는 호미로 막을 일을 가래로

막는 우를 범하지 말고, 이번 「농협법」 개정에서 중앙회의 신용사업
과 경제사업의 분리 시기를 못 박고 그것을 일정한 기간(예: 3년)
준비하도록 하는 것이 올바른 길이다.

(≪농약협회≫, 2005.1.9.)

제5부

고향이 사라진다

서울이 덜 발전해야 한다

　서울시는 최근 앞으로 3년간 23조 5,000억 원을 투입하여 서울시의 교통, 환경, 안전, 복지 등 7개 분야를 획기적으로 개선하겠다는 야심 찬 계획을 발표하였다. 사실 서울시는 다른 선진국의 수도에 비하면 너무도 문제가 많다. 매일매일 치러야 하는 출퇴근 전쟁, 언제 터질지 모르는 대형 사고의 위험, 호흡하기에도 곤란한 대기오염 속에서 살아가는 서울 시민의 처지를 생각하면 참으로 딱한 심정이다. 그러면 서울시의 야심 찬 계획이 성공한다면 서울시의 문제는 상당히 해결될 것인가. 단기적으로는 도움이 되겠지만, 장기적으로는 오히려 문제를 악화시킬 우려도 있다.

　서울시의 모든 문제는 근본적으로 좁은 땅에 사람이 너무 많이 모여 사는 것으로부터 생긴 것이다. 서울은 전 국토면적의 0.6%에 지나지 않지만, 이곳에 전체인구의 24.2%가 살고 있다. 게다가 서울을 중심으로 한 수도권에는 전체인구의 44.6%가 살고 있다. 동서양과 선후진국을 막론하고 이처럼 수도권 인구 집중이 높은 나라는 세계에서 대한민국밖에 없다. 한 뼘 땅덩어리에 전 국민의 절반에 해당하는 2,000만 명이 모여 사니 도시는 중병에 시달릴 수밖에 없고, 그런 병에는 백약이 효과가 없다. 그뿐만 아니라 지금도 계속

해서 수도권으로 사람들이 몰려들고 있으니 병은 나날이 깊어만
간다.

사람들은 왜 서울로 모여드는가. 과거 1960년대와 1970년대에
많은 사람들은 먹을 것과 입을 것을 구해서 서울로 무작정 상경하였
다. 그러나 오늘날 사람들이 서울로 모이는 것은 단지 의식주 때문만
은 아니다. 요즈음 우리 시골도 먹고 살 만은 하다. 그렇지만 모든
면에서 시골은 지방도시보다 못하고, 또한 지방도시는 서울에 비해
너무 낙후되어 있다. 이번 설 명절에도 수많은 사람이 고향을 찾았다.
그들이 고향에서 이런 감회를 느꼈다면 지나친 것일까. "모처럼
고향에 돌아오니 마음이 푸근하고 어린 시절로 되돌아온 것처럼
즐겁다. 그렇지만 시골은 사람 살 만한 곳이 못 된다. 일찍 고향을
떠난 것이 얼마나 다행인가."

서울이 살기 좋은 도시가 되면 될수록, 서울과 지방의 격차가
커지면 커질수록 사람들은 서울로 몰려들고 서울의 병은 깊어만
갈 뿐이다. 서울은 발전해야 한다. 그러나 서울시만 발전해서는 안
된다. 서울은 발전하되 시골이나 다른 지방도시에 비해 덜 발전해야
한다. 서울이 살기 위해서도 지방과 서울의 격차는 줄어들어야 한다.
이런 너무도 당연한 사실도 작은 이해에 눈이 먼 서울 시민이나
유권자의 표만 의식하는 정치인에게는 잘 보이지 않는 것 같다.

지난해 6월에 치른 서울시장 선거의 예를 들어보자. 당시 서울시
장 선거는 대통령 선거에 버금가는 온 국민의 뜨거운 관심 속에서
치러졌다. 대한민국은 서울공화국이란 말도 있으니, 온 국민이 관심
을 갖는 것은 무리도 아니다. 그 무렵 서울시장 선거 열기가 얼마나
뜨거웠던지, 내가 만난 전라도의 어떤 시골 할머니는 어처구니없게

도 서울시장 후보 셋 가운데서 누구를 찍어야 하느냐고 물었다.

그런데 우리의 서울시장 후보들은 이러한 전 국민의 뜨거운 시선을 한결같이 외면하였다. 어느 후보도 서울시의 문제는 서울시만으로는 해결될 수 없고, 서울시장은 서울 시민만의 시장이 아니라는 당연한 사실을 받아들이지 않았다. 저마다 서울시만을 위한 장밋빛 공약을 제시할 뿐, 서울시를 위해서라도 전국이 균형적으로 발전해야 한다고 지적한 후보는 한 사람도 없었다.

지방자치제의 본격적인 실시로 사람들은 저마다 자기 고장이 더욱 살기 좋아질 것이라 기대한다. 그렇지만 오늘날처럼 지역 간 경제력 격차가 극심한 상황에서는 지방자치제는 자칫 지역 간 격차를 더욱 확대시킬 우려가 있다. 얼마 전 강원도 지방을 여행하였는데, 지난여름 수해 때 부서진 도로와 다리가 수개월 동안 그대로 방치되어 큰 불편을 겪었다. 같은 무렵 서울 강남에서는 멀쩡한 보도블록을 새것으로 교체하였다. 양 지역의 경제력의 차이를 반영한 것이다. 영국의 예에서 보듯이 재정자립도가 낮은 것 자체는 지방자치의 절대적인 걸림돌은 아니다. 그렇지만 자립도의 지역 간 격차가 큰 것은 심각한 문제이다. 서울시와 인천시는 거의 100% 재정자립을 하고 있고, 4대 도시와 경기도가 상대적으로 높은 자립도를 보이는 반면에, 나머지 8개 도의 재정자립도는 50%에도 미치지 못한다. 더욱이 241개 시·군 가운데서 지방세 수입만으로는 자치단체의 인건비도 충당하지 못하는 곳이 56%나 된다. 재정자립도가 10%에도 미치지 못하는 군도 적지 않다.

서울과 지방 간의 격차를 줄이는 것이 시급하다. 지방의 자구적인 노력이 무엇보다도 중요하지만, 서울에서 더 많은 돈을 거두어 지방으로 더 많이 내려보내야 하며, 이에 대한 서울 시민의 이해가 필요하다. 서울시가 23조 원에 달하는 발전 계획을 발표할 때, 중앙정부는 지방 발전을 위한 더욱 야심 찬 계획을 발표했어야 한다. 서울의 발전이 상대적으로 억제되어야 지방이 살고, 끝내는 서울도 산다.

("생각하는 경제", ≪한겨레21≫, 1996.3.7.)

폐광 스키장, 누구를 위하여

광부들은 탄광을 인생의 막장이라고 한다. 갈 곳 없는 사람들이 모이는 곳이고, 한번 들어서면 더 이상 다른 곳으로 갈 곳이 없다는 뜻이다. 광부들은 말한다. "아무 기술이나 밑천이 없어도 몸뚱어리가 성한 한 밥은 먹고 산다. 그러나 늙어서 탄광을 떠날 때 남는 것은 헌옷 보따리와 병 보따리뿐이다." 그런데 최근 수많은 광부들이 인생의 막장에서조차 대책 없이 쫓겨나고 있다.

국내 유일의 부존 에너지인 무연탄은 1960년대 후반부터 경제개발이 본격화되면서 각광을 받기 시작했다. 국가가 주탄종유(主炭從油)의 에너지 정책을 견지하였던 1980년대 초까지 탄광촌은 날로 번창하였다. "개도 돈을 물고 다닌다"라고 할 정도로 탄광촌은 호경기를 누렸다. 뽕밭이 푸른 바다 되듯이, 화전민 몇 사람이 살던 산간 오지에 인구 12만 명이 넘는 태백시가 건설되고, 고한읍, 사북읍, 도계읍 등 주요 탄광촌에도 수만 명의 사람들이 모여들었다.

그러나 국가의 에너지 정책이 1980년대 중반부터 주유종탄(主油從炭)으로 바뀌면서 탄광촌의 신기루는 급속히 사라지기 시작하였다. 여기에 '석탄산업 합리화 사업 8개년 계획(1989~1996년)'은 탄광촌의 존립 기반 자체를 부정해 버렸다. 말이 좋아 합리화 사업이지 탄광촌 폐촌 사업과 다르지 않았다. 합리화 사업의 추진으로 강원도 탄광 지역의 탄광 수는 1988년 말의 168개소에서 1994년 말에 13개로, 광부 수는 4만 4,000명에서 1만 3,000명으로, 석탄 생산량은 1,775만 톤에서 609만 톤으로 감소하였다. 탄광촌은 구멍 뚫린 풍선처럼 급속히 위축되었다. 주요 탄광촌인 태백시, 고한읍, 사북읍, 그리고 도계읍의 인구는 같은 기간에 21만 명에서 11만 명으로 불과 6년 사이에 약 절반이나 감소하였다. 이미 폐가가 즐비한 탄광촌이 앞으로 어디까지 영락할 것인지 끝이 보이지 않는다.

정부가 석탄산업 합리화 사업을 추진한 배경은 이해하지 못할 바 아니다. 그러나 이주 및 생계대책도 제대로 마련하지 않은 채, 이처럼 짧은 기간에 수만 명의 광부들의 일자리를 빼앗고 지역 주민의 절반이 생업의 터를 떠나지 않을 수 없도록 한 것은 정부의 명백한 실책이다. 생존권에 위협을 느낀 탄광촌 지역 주민들은 서울과 현지에서 대규모의 집단시위로 정부에 맞섰다. 사태의 심각성을 깨달은 정부는 지난해 환경단체 등의 반대에도 불구하고 서둘러 「폐광지역개발지원특별법」을 제정하는 등 탄광 지역을 회생시키기 위한 정책적 노력을 기울이고 있다.

그런데 문제는 어떠한 방식으로, 누구를 위해서 폐광 지역을 개발할 것인가 하는 점이다. 많은 사람들은 탄광 지역의 개발이라면 쉽게 골프장, 스키장, 심지어 카지노 등 대형 리조트의 건설을 연상한다. 이러한 개발방식이 얼마나 환경과 인간을 파괴하는가는 새삼 설명이 필요치 않다. 그렇지만 핵 폐기장마저 유치하려고 했던 탄광촌 지역 주민의 절박한 처지에서 볼 때, 외지 사람들이 환경보호를 운위하며 리조트의 건설에 전면적으로 반대하는 것은 설득력이 약하다.

　현실적으로 중요한 것은 대형 리조트의 건설이 폐광 지역 주민들에게 실제로 얼마나 도움이 될 것인가를 냉정하게 따져보는 일이다. 유감스럽게도 다른 지역에서의 사례에서 보듯이, 골프장이나 스키장이 건설된다고 해서 지역 주민에게 일자리나 지역 주민의 생산품에 대한 수요는 별로 늘어나지 않는다. 리조트의 건설은 지역경제의 활성화에는 어느 정도 기여하지만, 창출된 부가가치의 대부분은 지역 주민이 아니라 외지에서 온 자본가에게 귀속된다. 리조트의 건설은 폐광 지역의 자산가(특히 토지소유자)에게도 어느 정도 부를 가져다줄 것이다. 그렇지만 대형 리조트가 광부나 영세상인과 같은 폐광 지역의 주민 대부분에게 남기는 것은 자괴심과 향락적 문화의 뒷설거지뿐이다.

　폐광 지역의 개발은 반드시 폐광 지역 주민을 위한 개발이어야 한다. 개발이라는 이름 아래 지역 주민이 소외되고 환경이 파괴되어서는 안 된다. 우리가 많은 문제점에도 불구하고 「폐광지역개발지원특별법」에 원칙적으로 찬성하는 이유는 외지의 돈 있는 사람들에게 돈 벌 기회와 놀이터를 제공하기 위한 것은 아니다. 폐광 지역의 개발을 위해서라면 리조트의 건설에 무조건 반대할 필요는 없다. 그러나 리조트 건설과 같은 외래적 개발이 개발의 중심이 되어서는 안 된다. 탄광촌의 주인인 광부를 비롯한 지역 주민들에게 일자리를 마련해 주고 생활의 터전을 마련해 주는 방향으로 폐광 지역이 개발되어야 한다. 이를 위해서는 폐광 지역의 개발 계획의 수립 단계에서부터 실행에 이르기까지 지역 주민들이 적극적으로 참여할 수 있어야만 할 것이다.

("생각하는 경제", ≪한겨레21≫, 1996.2.1.)

땅 투기 부채질하는 선거공약들

　"총선 공약, 인심만 쓰고, 당색은 실종." 이는 15대 국회의원 총선
거를 앞두고 각 당이 다투어 쏟아내는 선거공약에 대한 어느 일간
신문의 논평 기사 제목이다. 당마다 조금씩 차이는 있지만, 각 당의
선거공약을 보는 언론이나 전문가들의 눈은 대체로 곱지 않다. 각
당의 선거공약이 그 밥에 그 나물이고 실현 가능성 없는 무지갯빛
공약이 거의 대부분이란 것이다. 비록 이러한 지적이 사실이라 해도,
우리는 이번 선거가 지역대결로 끝나지 않게 하기 위해서는 반드시
각 당과 각 후보가 내세우는 선거공약을 공개적으로 검증하고 시시
비비를 가리는 노력을 게을리 하지 말아야 한다.

　이번 선거에서 각 당은 경제 분야의 공약 개발에 가장 역점을
두고 있다. 경제 분야의 공약은 실현 여부와 관계없이 공약 그 자체만
으로도 경제에 미치는 영향이 매우 크기 때문에, 책임 있는 정당은
경제 분야의 공약에 신중해야만 한다. 지키지 못할 선거공약을 해서
도 안 되지만, 무엇보다도 함부로 해서는 안 되는 공약이 경제 분야에
는 많다. 그 대표적인 것의 하나가 토지와 관련된 공약이다.

　그럼에도 토지규제를 완화하겠다는 공약이 선거 때마다 단골 메
뉴로 등장한다. 이번 선거도 마찬가지다. 그린벨트를 조정하거나

축소하고 필요하면 국가가 매입하도록 하겠다, 토지거래허가제를
폐지하겠다, 또는 진흥지역 농지에 대해 지가 차액을 보전하겠다고
각 당이 공약을 내놓고 있다. 이러한 정책변화는 좋게는 토지거래를
활성화하고 토지이용의 효율성 제고에 기여하겠지만, 나쁘게는 토
지의 문란한 개발과 엄청난 부동산 투기를 가져올 것이다. 따라서
각 당은 이러한 공약을 내세우기에 앞서, 그러한 정책이 가져올
부작용, 그에 필요한 재원 등에 대해 구체적인 대응 방안을 제시하고
공개적으로 검증을 받아야 한다. 그러나 어디에서도 그러한 노력을
찾아볼 수 없다.

사실 각 당이 이처럼 다투어 무책임한 토지규제 완화 공약을 내세
우는 데는 정부의 책임이 크다. 정부는 1993년 8월에 「국토이용관
리법」을 개정하여 종래의 보존 중심 토지정책을 개발 중심으로 급선
회하여, 개발 가능한 토지면적을 전 국토의 15.6%에서 41.7%로
엄청나게 늘렸다. 그리고 지난해에는 새 「농지법」을 제정하여 일
년에 30일 이상 농사일을 할 의사가 있으면 누구라도 전국 어디에나
농지를 구입할 수 있도록 하였다. 올해(1996년)에는 당정협의를 거쳐
토지거래허가지역 내의 거래허가요건을 없애거나 완화하여 3월부
터 시행하기로 하였다. 농지를 포함한 모든 토지에 대해 거래와
개발을 거의 전면적으로 자유화한 것이다. 이제 그린벨트 지역에
대한 개발규제와 수도권 및 광역시 주변의 농지에 대한 거래허가를
제외하면 토지규제는 사실상 없어진 셈이다. 이 얼마 남지 않은
토지규제마저 풀겠다고 각 당이 다투어 공약을 하고 있다.

정부·여당이 앞장서고 야당이 가세하는 형세로 전개되는 최근
의 토지규제 완화, 더 정확하게 표현하면 토지에 대한 전면 공격은

매우 심각하게 우려할 사안이다. 각 당은 토지규제 완화의 명분으로 토지규제로 인한 농민 또는 일반 지주들의 불이익을 내세운다. 과연 그럴까. 농민의 재산권 보호를 위해 농업진흥지역 내의 농지에 대해 지가 차액을 보전하겠다는 선거공약을 보자. 이는 언뜻 가장 농민적인 공약이다. 그렇지만 그 본질은 가장 비농민적이다. 새 「농지법」에 의해 이미 누구라도 농지를 소유할 수 있게 되었고, 더욱이 이 당이 주장하듯이 토지거래허가제가 전면 폐지된 상태에서 이러한 농지차액보전제도가 도입된다면, 그 결과는 불을 보듯이 뻔하다. 농지에 대한 투기열풍이 불어 농민은 농지에서 쫓겨나고, 농지에 대한 차액보전 혜택은 농민이 아니라 비농민의 손에 돌아갈 것이다. 그린벨트에 대한 규제완화 공약도 사정은 크게 다르지 않다. 이미 그린벨트 지역 내 토지의 40% 이상이 주인이 바뀐 상태가 아닌가.

우리는 선거 때마다 토지규제 완화가 거론되는 것을 지주들의 표를 의식한 단순한 정치적 행위로만 보지 않는다. 우선 대부분의 정치인은 그들 스스로가 상당한 지주이다. 따라서 토지규제가 완화되면 그들 자신이 큰돈을 벌 수 있다. 그리고 우리나라의 최대지주는 재벌과 대기업이다. 따라서 선거를 이용한 이들의 토지규제 완화 로비가 직·간접으로 작용하고 있음을 부정할 수 없을 것이다.

농지전용의 급증으로 쌀 자급 기반이 붕괴되고 식량생산이 급격히 줄고 있다. 국토는 한번 잘못 개발되면 회복이 어렵다. 후손을 위해 국토개발의 여백을 남겨두는 것은 우리의 의무이다. 정부·여당과 야당은 토지질서를 문란케 하는 정책과 공약의 남발을 중단하고, 개발과 보전의 조화를 추구할 수 있는 구체적 방안을 제시해야 한다.

개발보다는 보전을 앞세우는 정당과 후보가 훨씬 용기 있고 신뢰할
만하다.

("생각하는 경제", ≪한겨레21≫, 1996.4.4.)

지방분권, 일본에서 얻은 교훈

　　지방분권과 지역균형발전, 그리고 이를 위한 행정수도의 이전이 신정부의 가장 주요한 정책의 하나로 주목받고 있다. 아직 지방분권과 지역균형발전에 관한 비전, 내용, 추진방향과 추진체계 등에 관한 마스터플랜이 수립된 것은 아니므로 지금부터 착실히 논의해서 조속히 실시해야 할 것이다. 최근 일본의 지방분권의 경험은 우리에게 반면교사로서 의미가 있다고 생각된다.

　　일본은 1992년 12월에 「국회 등의 이전에 관한 법률」을 제정하여 사법·입법·행정에 관한 수도기능을 도쿄권(東京圈) 이외의 지역으로 이전하기로 정하였다. 그리고 1995년 5월에 「지방분권추진법」을 공포하고, 지방분권추진위원회를 설치하였다. 그런데 일본의 수도기능 이전이나 지방분권 모두 기대에 미치지 못하고 있다. 우선 수도기능 이전(우리 식으로 표현하면 행정수도 이전)은 2002년 5월까지 최종 후보지를 확정하기로 하였으나 아직도 후보지를 정하지 못한 채 2003년 통상국회에서 수도 이전 가부를 결정하기로 하였다. 또한 지방분권은 「지방분권일괄법」을 제정하여 기관위임사무제도를 폐지하고 국가의 관여를 줄이는 등 일정한 성과를 거두기는 하였지만, 재정의 이양이 동반되지 못한 채 여전히 중앙정부의 지배가 온존하고 있는 실정이다. 일본의 수도기능 이전과 지방분권이 장기간 지지부진한 상태에서 오히려 후퇴하는 듯한 양상을 보이는 이유는 무엇일까.

첫째, 수도기능 이전은 도쿄 일극집중의 완화에는 어느 정도 기여할지 모르지만 그 자체만으로는 지역의 균형발전에 직접적 효과가 적다. 따라서 도쿄 도와 기득권의 반대는 물론, 이전 후보 이외의 지방에서도 무관심, 심지어는 반발을 보인다. 수도기능 이전은 경제력의 지방분산과 지역의 균형발전이란 전체 틀 속에서 논의되어야 한다.

둘째, 일본의 지방분권은 신자유주의적 행정·재정 개혁의 일환으로 추진되고 있다. 지방자치의 권한 확대보다는 정부의 역할 축소, 중앙정부의 보조금 삭감, 시정촌 합병 등이 주요 과제로 논의되고 있다. 일본의 지방분권은 지역의 주민이 자기 문제를 스스로 결정하는 민주적 지방자치의 실현이란 관점에서가 아니라, 지방의 자기결정권을 보장되지 않은 채 지방의 자기책임만 강조되고 있다.

셋째, 일본의 지방분권은 지역이나 지자체가 아니라 중앙과 재계가 주도해서 추진되고 있다. 일본의 중앙집권형 시스템은 재계와 관계, 그리고 정계의 이른바 정관재(政官財)의 철의 삼각관계에 기초하고 있다. 이러한 철의 삼각관계가 냉전체제의 붕괴, 세계화, 국가재정위기와 장기불황, 자민당 일당 지배의 붕괴에 의해서 불안정하게 되자 재계는 새로운 정치 지배체제를 구축하기 위해 행정·재정 개혁을 주도한다. 실제로 지방분권추진위원회의 위원장도 모로이 일경련 부회장이 맡았다. 이 결과 국가의 책임이 지방에 전가되는 반면에, 권한 이양은 적다. 지방분권의 핵심적 과제인 지방재정 개혁은 지지부진한 채, 중앙의 지방 이전 재원만 감축하는 방향으로 논의가 진전되고 있다.

넷째, 지방분권을 받아들일 지자체의 개혁에 관한 논의가 거의 없다. 지방분권은 국가로부터 지방으로의 권한이양(官官分權)뿐 아니라 지자체 행정에 대한 주민 참가(官民分權)도 중요하다. 이를 위해서는 주민투표나 정보의 공개, 주민 감사, 그리고 행정평가 시스템 등이 도입되어야 한다. 지방 행정·재정 시스템 전체의 민주화 없는 단순한 권한이양은 오히려 문제를 더욱 악화시킬 수 있다는 우려를 낳고 있다.

결국 일본의 지방분권은 중앙의 재정부담을 줄이려는 중앙관료와 기업의 지배강화(정부기능 축소)를 추구하는 재벌의 이해에 의해 주도되고 있다. 향후 우리나라에서도 지방분권의 내용을 둘러싸고 재벌과 중앙관료, 그리고 민주자치를 주장하는 자치파 간에 치열한 논란이 예상된다. 지방분권은 그 자체가 목적이 아니라 어떠한 지방분권이냐가 중요하다. 무엇을 위한 지방분권이냐, 누가 추진하는가, 그리고 주민이 어떻게 참가하느냐가 관건이다. 그러므로 지방분권에는 주민이 자기 문제를 스스로 결정하는 민주적 지방자치의 실현이 요체가 되어야 할 것이다.

(≪한겨레신문≫, 2003.2.13.)

행정수도 이전의 바른 길

경북 의성군은 1970년대 초에 인구 21만 명이 넘는 큰 고을이었지만, 지금은 인구가 7만 명도 되지 않는다. 전북 장수군은 한때 인구가 8만 명이 넘었지만, 지금은 겨우 2만 6,000명이 사는 작은 산골 동네로 전락했다. 이미 두 군의 주민 4명 가운데 1명은 65살이 넘을 정도로 고령화가 진전되어, 이대로 가면 언젠가는 군 자체가 없어지지 않을까 우려하는 목소리가 높다. 농촌 지역의 쇠퇴에 영호남이 따로 없다.

수도권 과밀 해소와 지역균형발전이 더 이상 미룰 수 없는 우리 시대의 과제라는 데 토를 다는 사람은 없다. 그동안 수도권 인구집중 문제를 해결하기 위해 수백 가지 정책이 추진되었지만 별 효과를 거두지 못했다. 수도 이전이라는 일종의 극약처방이 등장한 것도 그 때문이다. 행정수도 이전은 2002년 12월 대선, 지난해 12월 신행정수도특별법안의 국회 통과를 거치며 순풍을 타는 듯했다. 그러나 행정수도 이전 계획이 구체화되면서 국론이 찬반으로 급격히 분열되고, 청와대와 일부 언론, 그리고 여당과 야당은 감정 대립으로 치닫고 있다.

자신들이 찬성해서 통과시킨 「신행정수도특별법」을 국민적 합의가 없으니 원점에서 재검토하자는 야당의 주장은 정치공세라는 비난을 피하기 어렵다. 행정수도 이전의 문제점만을 침소봉대하여 수도권과 지방의 대립을 부추기고 여론을 호도하는 일부 언론의 태도는 본연의 구실을 망각한 처사라 아니할 수 없다.

그렇다고 정부와 여당이 제대로 대처하고 있는 것도 아니다. 정부와 여당은 그동안 행정수도 이전이 순조롭게 진행되자 너무 안일하게 추진해 왔다. 행정수도 이전은 이웃 일본의 경험에서 보듯이 그 성격상 시간이 경과하면서 반대 여론이 높아지게 되어있다. 초기에는 수도권 과밀 해소의 당위성 때문에 찬성 여론이 높지만, 정책이 구체화되면서 수도권과 기득권의 반발이 거세지고, 이전지역을 제외한 나머지 지역은 상대적 소외감으로 인해 무관심 혹은 반대 입장을 보이게 되는 것이다. 이전 대상지가 확정된 시점에서 반대 여론이 50%를 넘는 것은 어찌 보면 당연한 것으로, 야당과 언론을 탓할 게 아니라 강력한 리더십을 발휘하여 국민을 설득하고 공감대를 넓혀가는 것이 정부의 소임이다.

민주적 절차에 따라 합법적으로 결정된 행정수도 이전이 특별한 이유 없이 뒤집어져서야 나라꼴이 안 된다. 그렇다고 법대로 하자고 밀어붙인다고 될 일도 아니다. 국민에 대한 설명 책임(accountability)은 정부에 있다. 행정수도 이전 반대 논리로 동원되는 천도론, 통일수도론, 비용과다론 등은 비본질적인 것으로 차치한다 하더라도, 충청권에 인구 50만 명의 새 행정수도를 건설한다고 해서 수도권 과밀 해소와 지역균형 발전에 얼마나 도움이 될 것인가 하는 근본적인 물음에 대해서 정부는 성실하게 답해야 한다. 사실 행정수도 이전만으로는 한계가 명백하다. 행정수도 이전은 지방 분권과 지역

균형발전이라는 그랜드 마스터플랜의 일환으로 추진되지 않으면 안 된다. 정부도 이 점을 인식하여 신행정수도특별법과 함께 지방분권특별법과 국가균형발전특별법 등 균형발전 3개 법안을 제정하였다. 그런데 새 행정수도 건설은 급물살을 타고 있는 반면에 지방분권화는 제자리걸음을 하고 있고, 지역 균형발전 정책은 대부분 아이디어 수준에 그치고 농촌을 비롯한 저발전지역에 대한 배려가 부족하다는 비판이 제기되고 있다.

행정수도 이전이라는 국가 대사를 성사시키려면 참여정부는 지방 분권과 지역 균형발전으로 정권의 역사적 평가를 받겠다는 진정성을 보여야 한다. 행정수도 이전이 그것을 실천하기 위한 정권의 강력한 의지로 표현된다면 국민적 합의를 얻는 것도 어렵지 않을 것이다. 따라서 정부는 행정수도 건설뿐 아니라 과감한 지방 분권화 계획과 내실 있는 지역 균형발전 계획을 함께 제시하여 국민들과 대화하고 토론해야 할 것이다.

("시평", ≪한겨레신문≫, 2004.7.22.)

5도 2촌 정책의 조건

최근 국가균형발전위원회는 농촌경제 활성화를 위해 주 5일은 도시에서 일하고 2일은 농어촌에서 여가를 즐기는 '5도(都) 2촌(村) 정책'을 적극적으로 추진하겠다고 발표했다. 참으로 멋진 구상이다. 그러나 그것은 먼 훗날의 꿈같은 얘기일 뿐, 절박한 농촌문제에 대한 해답은 아니다. 자칫 농업쇠퇴에 따른 농촌경제의 위기를 호도할 위험조차 있다.

농촌관광이 발달한 선진국의 경험에 비추어볼 때, 농촌관광이 국민 생활에 정착되고 일반화되기 위해서는 몇 가지 선행 조건이 충족되어야 함을 알 수 있다. 경제학의 수요와 공급 이론을 도입해서 설명해 보자.

우선 농촌관광이 발달하기 위해서는 국민들의 광범한 수요가 있어야 한다. 농촌관광(rural tourism)은 흔히 말하는 관광(sightseeing)과는 달리 사람들이 시골의 자연이나 야생 동식물, 문화유산, 향토음식, 유물 등을 즐기면서 편안하게 쉬는 것을 말한다. 이러한 농촌관광을 즐기기 위해서는 소득이 일정 수준에 도달해야 할 뿐 아니라, 사람들의 의식이 물질만능주의에서 벗어나 삶의 질을 소중하게 생각하는 여유를 가져야 한다. 유럽의 농촌관광은 '삶'을 즐기는 중간계

층을 기반으로 발전하고 있다. 우리의 현실은 어떠한가. '국민소득 2만 달러 시대'가 국정목표로 제시되고, 삶의 질보다는 여전히 돈(성장) 그 자체에 최우선 가치를 두고 있지 않은가. 사람들은 농촌에서 조용히 쉬기보다는 명승고적을 찾아 마시고 놀면서 스트레스를 해소하는 향락적 관광을 선호한다. 이러한 형태의 관광은 자연환경을 파괴하고 농촌 지역경제의 활성화에도 기여하지 못한다.

농촌관광의 공급 측면은 더욱 심각하다. 농촌관광이 활성화되기 위해서는 도시인을 끌어들일 수 있는 매력이 있어야 한다. 즉, 찾아온 도시인들에게 무엇을 제공할 것인가. 농촌관광의 주된 자원은 자연, 경관, 야생 동식물, 유형무형의 문화유산, 향토 음식 등 도시인에게 편안한 휴식(tranquillity)을 제공하는 것이다. 그런데 우리는 그동안 이른바 경제개발의 기치 아래 너무도 많이, 그리고 쉽게 농촌의 자연과 문화유산을 파괴해 왔고, 획일적인 농촌개발로 농촌의 다양성과 개성이 상실되었다. 농촌 지역에 아무 생각 없이 고층 아파트를 지어온 것이 우리들이다. 농촌의 어메니티(rural amenity)를 찾아서 도시인들이 오지만, 막상 제공할 것이 없다. 또한 찾아온 도시인들이 편히 쉬고 즐길 수 있는 숙박시설이나 레스토랑 등 여가 시설이 거의 갖추어져 있지 않다. 더욱 심각한 문제는 농촌관광을 담당할 주체가 형성되어 있지 않다는 것이다. 도시인에게 편안함을 제공하고 그것을 비즈니스로 운영할 수 있는 기업가 정신이 농촌 주민, 특히 농민들에게는 결여되어 있다.

오늘날 영국에서는 농촌관광이 보편화되어 있고 지역경제에서도 중요한 역할을 하고 있다. 19세기 말의 빅토리아 시대로 거슬러 올라가는 농촌관광의 오랜 역사와 지난 수십 년간의 자연환경 및 경관 보전을 위한 꾸준한 노력이 그 기반을 이루고 있다. 자동차로 20~30분 이내의 거리에 편안하게 쉬고 즐길 수 있는 농촌관광의 자원과 편의시설이 산재해 있어 쉽게 주말에 교외로 나간다.

농촌관광이 농촌 지역경제를 활성화할 수 있는 주요한 방안의 하나임에는 틀림없지만, 단기적으로 효과를 낼 수 있는 것은 아니다. 우리나라에서도 농촌관광에 대한 수요는 지속적으로 증가할 것이다. 따라서 그에 상응하는 공급체계를 갖추어야 한다. 좀 더 적극적으로 말하면 농촌관광의 경우 공급이 수요를 창조할 수도 있다. 따라서 장기적 관점을 갖고 농촌관광의 자원을 유지·보존·개발하고, 농촌 관광을 위한 인프라를 정비하며, 무엇보다도 농촌관광을 담당하는 기업가 정신에 충만한 주체를 형성해 가는 것이 필요하다. 이러한 전제 조건들을 무시한 채 '5도 2촌'과 같은 슬로건을 앞세워 마치 농촌관광이 농촌의 살길인 것처럼 무리하게 추진하면, 그것은 지역 경제의 활성화에 기여하기는커녕 농촌 주민들에게 부담만 가중시키 고 자연환경 파괴만을 초래할 것이다. 아이도 배기 전에 애를 낳으라 고 보채는 우를 범해서는 안 된다.

(≪한겨레신문≫, 2003.8.10.)

지방 균형발전의 요체는 농촌 지역 발전

  참여정부는 지역균형발전을 주요 국정과제로 설정하고 있다. 최근 균형발전 3대 특별법이 국회를 통과하였고, 대통령은 연두기자회견에서 5조 원의 균형발전 특별회계를 편성하여 지방균형발전을 집중 지원하겠다고 다짐하였다. 농민들과 농업계는 이번에야말로 그동안 소외되었던 농촌 지역에도 모처럼 햇볕이 들 것으로 잔뜩 기대하고 있다.

  그런데 현실은 반드시 농민들의 바람과는 같지 않다. 균형발전 3대 특별법이나 균형발전 특별회계의 내용을 잘 살펴보면, 수도권에 대한 비수도권의 균형을 우선목표로 하고 있다. 낙후지역이나 농산어촌에 관한 부분이 없는 것은 아니지만 부차적으로 취급되고 있다. 유감스럽게도 대통령의 연두 기자회견도 영남권, 호남권, 수도권의 균형은 강조하였지만 어디에도 농산어촌 지역에 대한 언급은 없다. 지방균형발전 정책에서 시·군 지역이 제 대접을 받지 못할 것을 우려하는 기초자치단체장들이 적지 않다.

  국가 균형발전을 위해서는 수도권과 비수도권의 균형도 중요하지만, 도시와 농촌, 대도시 지역과 시·군 지역 간의 균형발전도 중요하다. 다시 말해 균형발전에 대한 '균형 잡힌' 시각이 필요하다. 우리나라에서는 그동안 농촌 지역정책이 없었다고 해도 과언이 아니다. 그 결과 많은 농촌 마을이 아기 울음소리가 끊어진 자연 양로원으로 변해가고 있다. 선거철에 맞추어 도로 깔고 다리 놓는 것이 농촌 지역정책이 아니다. 농촌에 살더라도 국민으로서의 최소한의 권리 (national minimum)를 누릴 수 있도록 농촌 지역의 생활환경과 복지 및 공공서비스가 획기적으로 개선되어야 한다. 또한 도시에 못지않은 일자리가 주어져야 한다. 그렇지만 농촌 지역정책은 단순히 도시와 농촌의 격차를 축소하거나 혹은 농촌이 도시를 쫓아가는 것이어서는 안 된다. 농촌 지역의 다양성과 개성을 충분히 살리고 환경과 경관을 보존하면서 농촌다움을 유지·발전하는 것이 되어야 한다.

지역균형발전 정책이 오히려 도시와 농촌 간의 격차를 확대하는 결과를 낳아서는 안 된다. 선진국의 경우 지역불균형 해소를 위한 시책은 농촌 지역을 비롯한 낙후지역 발전에 초점이 맞추어져 있다. 참여정부의 지역균형발전 정책이 참으로 빛을 발하기 위해서는 농촌 지역 발전에 대한 확고한 의지와 구체적 프로그램을 제시해야 한다.

(≪농민신문≫, 2004.1.19.)

고향이 사라진다

올(2004년) 추석 명절은 닷새 동안의 긴 연휴여서 고향 가는 길은 비교적 수월했지만, 귀경전쟁만은 피할 수 없었다. 고향 가는 길을 고생길이라고도 한다. 그런데도 사람들은 왜 고향을 찾을까. 세계적 작곡가 윤이상은 자신의 음악의 뿌리는 고향에 있다고 했다. 어린 시절 고향을 등진 우리 대부분은 가슴에 고향을 묻고 산다. 상과대학을 졸업한 내가 30년 동안 농촌문제에만 매달리는 이유도, 굳이 따지자면 고향에 대한 어릴 적 약속 때문이다.

고향이 사라지고 있다. 통계청의 '2003년 인구동태' 자료를 보면, 전국 165개 시·군 가운데 약 절반에 달하는 79개 시·군은 새로 태어난 아이보다 사망자가 많고, 군 지역만 보면 88개 군 가운데 무려 66개 군(75%)에서 사망자가 신생아보다 많다. 이것은 시·군 전체 통계이고, 농촌 마을의 상황은 훨씬 심각하다. 필자가 장기 관찰하고 있는 충청남도 두 마을의 경우, 최근 6년 사이에 새로 태어난 아이는 2명에 지나지 않는데 사망자는 무려 33명이다. 전체 인구 319명의 약 30%는 65살이 넘고, 세대의 약 절반은 노인 혼자 나 노인 부부만 살고 있다. 이대로라면 이농이 없더라도 머지않아 마을 자체가 사라질 처지다. 전국의 다른 농촌 마을의 사정도 이

두 마을과 별반 다르지 않다.

모처럼 찾은 고향 초등학교가 폐교된 것을 보고 마음 아파하고, 쉰을 훌쩍 넘긴 반백의 친구가 고향 마을에서 제일 젊은 청년이라는 말을 듣고 쓴웃음을 지은 사람이 적지 않았을 것이다. 그러나 고향이 활기를 잃고 서서히 사라지는 것을 바라보며 안타까워하고만 있을 수는 없다. 무엇을 해야 할 것인가.

중앙 정부나 정치인을 비난하고 정신 차리라고 촉구하는 것도 이제는 식상하다. 언제 어느 정부가 진정 농촌을 걱정한 적이 있는가. 농업과 농촌은 개발독재 시대에는 공업화를 위한 희생물로 인식되었고, 오늘날 세계화 시대에는 경제성장의 걸림돌로 치부되고 있다. 그동안 정치인들은 '돌아오는 농촌' 혹은 '돌아오고 싶은 농촌'을 외치며 농민들에게 많은 장밋빛 대책을 제시하였지만, 현실의 농촌은 아이 울음소리가 끊긴 자연 양로원으로 변해가고 있다. 이 정부도 이전 정부가 약속했듯이 10년 후에는 농촌과 도시가 더불어 사는 균형발전 사회를 이루겠다지만, 과연 이 말을 믿는 농민이 얼마나 될까. 농민이 믿고 따르고 참여하지 않는 농정은 성공할 수 없다.

중앙 관료나 정치인에게 우리 고향의 운명을 맡길 수 없다. 중앙에 종속되거나 빼앗기지 않고, 지역의 자원과 가치를 살려 발전을 추구하며, 발전의 성과를 외부에 유출하지 않고 지역 안에 보존할 길을 찾아야 한다. 이를 위해서는 농정의 과감한 지방분권화와 농촌 주민의 참여가 무엇보다도 중요하다. 농정은 서로 개성을 달리하는 개개의 지역을 대상으로 하기 때문에 정책의 주체는 숙명적으로 지역일 수밖에 없다. 지자체를 중심으로 농협, 농민단체, 공공기관, 시민사회단체, 상공인 단체와 여성단체 등이 협력하여 지역의 문제를 스스로 고민하고 그 해결책을 찾아가는 혁신역량이 지역의 발전을 좌우한다. 물론, 우리 농촌의 열악한 현실을 고려할 때 중앙정부의 획기적 지원이 필요하지만, 그것은 지역의 자율성과 요구에 기초할 때 효과를 발휘할 수 있다.

문제는 오랜 중앙집권적 지배구조 때문에 지역발전을 스스로 기획하고 시행할 지역의 주체 역량이 충분히 배양되지 못했다는 점이다. 중앙정부와 지방정부는 지역의 혁신역량 강화를 위한 다양한 정책 프로그램을 마련하고 지역의 인재육성에 진력해야 한다. 또한 지역 주민의 참여를 유도하고 지역의 역량을 결집할 수 있는 지역 내 민주적 통치구조(거버넌스)를 확립하는 것이 중요하다.

우리의 고향이 절체절명의 위기에 놓여있다. 그러나 이러한 위기로부터 벗어나기 위해 중앙의 지배에 저항하며 중앙집권적 정치·경제 구조를 개혁하고 지역의 개성과 창의를 살린 자립적 발전을 추구하는 움직임이 전국적으로 서서히 확산되고 있는 것에서 우리의 희망을 발견한다.

("시평", ≪한겨레신문≫, 2004.10.7.)

농활 25년의 단상

지난 주말 충남 금산군 추부면 서대리로 학생들과 함께 농활을
다녀왔다. 지금 학교에 부임하자마자 시작하여 25년째, 봄가을 두
차례 농활을 계속하고 있다. 처음에는 1박 2일로 학생들의 자발적
참여를 유도하였으나, 요즈음은 농활기간을 2박 3일로 늘렸고 강의
첫 시간에 학생들과 반드시 농활에 참가한다는 신사협정의 형태로
압력(?)을 넣는다. 농활이 싫어 수강신청을 취소하거나 불만을 토로
하는 학생도 적지 않지만, "명강의를 들으려면 그 정도 비용은 지불
해야 하는 것 아니냐"라고 너스레를 떤다. 학생들의 불평을 다독거
려가며 농활을 강권하는 이유는 농활을 통해 나 자신과 학생들에게
육체노동의 소중함을 일깨워주고, 우리 사회와 농촌 현실에 대한
올바른 이해를 높이기 위함이다. 농활에 참여하기를 망설였던 학생
들도 끝나고 나면 모두들 너무 좋아한다.

농활을 거듭하면서 나는 쇠락해 가는 우리 농촌 현실에 마음 아파
한다. 25년 전 나는 지금의 농촌 모습을 상상하지 못했다. 가난하지
만 모두 열심히 일하고 있으니 우리 농촌도 언젠가는 다른 선진국
농촌처럼 도시 못지않게 살기 좋은 곳이 될 것으로 믿었다. 그러나
현실은 우리의 기대를 배반하였다. 복숭아 적과를 함께 하면서 마을

에서 가장 젊다는 55세의 주인아저씨와 속절없는 대화를 나눈다. "20년이 지나면 이 마을이 어떻게 될까요, 남아있을까요 없어질까요?" 하는 부질없는 내 질문에 아저씨는 "농사짓겠다고 들어오는 사람이 없으니 사라질 겝니다"라고 한다. 예상했던 답변이지만, 그러한 현실을 그대로 받아들이기 싫어 나는 마을이 없어지는 일은 절대 없을 것이라 강변했다. 우리나라의 농촌인구 감소 속도와 고령화 추세는 전 세계에서 유례를 찾아볼 수 없을 정도로 빠르다. 나는 현재의 추세는 정상이 아니라 믿는다.

그런데 잘 생각해 보면, 지난 20~30년 사이에 일어난 일 가운데는 비정상적인 것이 적지 않다. 우리나라에 아파트가 들어오기 시작한 게 불과 30년이 채 안 되는데 국민의 60% 이상이 아파트에서 생활하고 있다. 주거형태의 변화는 우리의 삶의 뿌리를 공동체로부터 개인주의로 바꾸어놓았다. 이렇게 짧은 시간에 삶의 존재 방식이 급격히 변한 것은 정상이 아니다. 그뿐만 아니다. 불과 얼마 전까지 국가권력에 의해 강력하게 추진되었던 산아제한 정책을 생각하면 실소를 금할 수 없다. 예비군 훈련 한 번 면제받기 위해 씨 없는 수박(?)이 되기를 마다하지 않는 젊은이들이 적지 않았고, 국가는 세 번째 아이에 대해서는 일체의 혜택을 거부하였다. 그런데 지금 우리나라의 출산율은 세계에서 가장 낮은 1.17명에 지나지 않는다. 이렇게 짧은 시간에 우리 삶의 미래를 급격히 포기한 것은 정상이 아니다.

비정상은 정상이 아니기 때문에 지속될 수 없다. 우리 사회의 모든 비정상의 근원에는 박정희 시대의 개발독재의 유산인 성장제일주의와 황금만능주의, 효율 지상주의가 자리 잡고 있다. 비정상사회

로부터 정상사회로 복귀하기 위해서는 이러한 유산들을 극복해야
한다. 성장과 효율성은 수단이지 목적이 아니다. 목적은 사람들의
삶의 질을 향상시키고 사회적 진보를 이루는 것이다. 공평과 효율성,
경제적 성장과 사회적 진보를 함께 추구하는 의식의 변화와 사회적
합의가 필요하다. 그러나 우리 사회가 성장과 효율이라는 수단이
중시되는 쪽으로 경도되는 듯해 안타깝다.

("농업마당", ≪농어민신문≫, 2005.6.2.)

중국의 억원촌: 사회주의 현대화 신농촌

중국의 두 얼굴

지난(1995년) 8월, 5년 만에 다시 베이징(北京)을 방문하였다. 동아시아 현대화에 관한 국제학술 토론회에 참가하기 위해서였다. 베이징은 전에 비해 현저하게 발전하였다. 그리고 수많은 대형 건축공사들이 여기저기에서 진행되고 있는 것에서 쉽게 알 수 있듯이 빠른 속도로 변화하고 있었다. 피부로 느낀 가장 커다란 변화는 택시가 무척 많아졌고 전보다 타기가 수월해진 것이다.

택시를 타고 깜짝 놀랐다. 운전석(앞자리)과 손님석(뒷자리)이 두꺼운 플라스틱으로 차단되고, 돈을 주고받을 정도의 조그만 창으로 연결되어 있는 것이다. 택시 강도를 막기 위한 조치이다. 순간 미국 대도시의 택시를 연상하였다. 처음 미국에서 택시를 탔을 때, 운전사의 경계하는 눈빛, 앞자리와 뒷자리의 완전한 분리를 보면서 이것이 타락한 자본주의 사회구나 하는 상념에 젖었다. 그렇다면 지금의 베이징 택시는 타락한 사회주의 사회를 상징하는 것인가.

그런데 재미나는 것은, 베이징의 많은 택시들이 저우언라이(周恩來)나 마오쩌둥(毛澤東)의 작은 사진을 수호신으로 매달고 다닌다.

우리나라에서는 염주나 십자가가 같은 역할을 한다. 베이징의 택시 강도는 말할 필요도 없이 이른바 개방·개혁 정책 이후의 황금만능주의가 낳은 산물이다. 그렇다고 해서 이미 개인사업화한 택시를 다시 사회주의식으로 되돌리려는 사람은 아무도 없다. 다만, 중국 사회주의의 변함없는 정신적 지주인 저우언라이와 마오쩌둥이 못된 택시 강도(자본주의의 병폐)로부터 중국 인민(택시 운전사)을 보호해 주기를 바랄 뿐이다. 택시 운전석의 두터운 보호벽을 바라보는 저우언라이나 마오쩌둥의 심정은 아랑곳하지도 않은 채……

중국의 개혁·개방 정책은 1978년의 11중 3전 이후 농촌에서부터 시작되었다. 개혁 이후 중국 농업은 인민공사와 집단농장을 해체하고 거의 대부분 가족농 체제로 바뀌었다. 그러나 중국 사람들이 이러한 변화를 반드시 바람직한 것으로 받아들이는 것은 아니다. 개혁 초기에 일정한 성과를 냈지만, 그 후 개별 가족농 체제는 농업생산력의 정체, 농촌 노동력의 급격한 이농, 도시와 농촌 간의 소득격차 등 많은 문제점을 나타내고 있다. 중국 정부는 이러한 문제점을 해결하기 위한 하나의 방안으로서 농촌 공업화를 추구하고 있다. 또한 가족농 체제의 문제점을 극복하기 위한 집단화의 움직임도 다양하게 나타나고 있다.

농촌 공업화의 실태, 특히 향진기업(鄕鎭企業)의 실태를 알아보기 위해 베이징 일원에서 가장 향진기업이 발달한 곳을 찾았다. 방문한 곳은 또우띠옌(竇店) 촌(村)이었다. 또우띠옌 촌은 1992년에 총수입이 중국 인민폐로 1억 원(인구 일인당 2,000원)을 넘어 '억원촌(億圓村)'이란 별명을 얻은 국내외에서 유명한 시범촌이다. 매년 수만 명이 국내외에서 방문한다. 장쩌민(江澤民), 완리(萬里) 등 중국공산당 지도자들도 수차례 격려 방문하였다. 한국인도 몇 사람이 이미 다녀갔다고 한다. 이 촌의 접대공작 책임자는 베이징 대학 경제학부 출신의 정떠유에(鄭德耀) 씨였다. 토요일 오후임에도 불구하고 정 씨가 직접 또우띠엔 촌의 안내를 친절하게 맡아주었다. 정 씨의 설명과 촌의 안내 책자, 그리고 필자의 인상을 중심으로 이하의 글을 준비하였다.

베이징 근교 농촌, 또우띠엔 촌

또우띠엔 촌은 베이징 시 팡산 구(房山區) 또우띠엔 진(竇店鎭)에 속한다. 또우띠엔 진에는 12개의 촌이 있는데, 또우띠엔 촌은 그 가운데 하나이고 진의 중심지이다. 또우띠엔 촌은 베이징 시의 천안문 광장으로부터 약 38km 떨어져 있고(자동차로 1시간 거리), 팡산 구 중심지로부터는 9.5km 떨어져 있다. 베이징·광저우(廣州) 간 철도가 지나고, 베이징·시장주앙(京石公路), 그리고 베이징·선전 고속도로(京深高速公路)가 지나가는, 교통이 매우 편리한 곳이다. 이러한 입지상의 이점이 이 촌의 향진기업의 발달에 크게 기여하였다.

이 촌의 총면적은 470ha이고 경지면적은 370ha[5,200무(畝)]이다. 해발 38m의 평탄지이고, 연평균 온도는 섭씨 11~12도이며, 연간 강우량은 640ml이다. 양질의 지하수가 풍부하고 토양도 좋다.

또우띠엔 진의 총인구는 약 2만 명이고, 또우띠엔 촌에는 1995년 현재 1,173호에 4,250명이 거주(외지인 제외)하고 있다. 향진기업이 발달하였기 때문에 외지에서 온 출가(出稼)노동자(약 2,000명)가 많은 것이 특징이다. 교통이 편리할 뿐 아니라 도로, 변전소 및 전신시설

등 사회간접자본을 비교적 잘 갖추고 있어 공업의 발전에 유리하다.

취업자의 산업별 구성은 대체로 농업 11~12%, 상업 3~4%, 공업 80%로 공업종사자가 압도적으로 많다(합계 불일치). 촌의 총수입은 1994년에 2억 5,682만 원, 금년 예상 수입은 3억 8,000만 원으로 전년대비 약 50% 증가를 기대하고 있다(환율은 중국 1원이 대략 우리나라의 100원).

'사회주의 현대화 신농촌'을 지향한다

집체경제를 지향한다

이 촌의 가장 두드러진 특징은 경제행위가 개별적이 아니라 집단적으로 이루어지는 점이다. 또우띠엔 농목공상 총공사(寶店農牧工商總公司)가 농업, 축산업, 공업, 제조업을 총괄하고 있다. 이런 점에서 총공사는 과거 인민공사가 하던 일을 계승하고 있는 듯하다. 이 총공사의 기초를 이루는 것은 집단농장이다.

1978년의 11중 3전 이후 경제개혁을 계기로 중국의 인민공사 체제가 해체되기 시작하여, 집단농장은 생산책임제, 호별 생산청부제(包産到戶), 호별 경영청부제(包幹到戶) 등을 거쳐 가족농 체제로 이행하였다. 그러나 또우띠엔 촌은 집단농장을 유지하면서 농업 기계화, 농업과 목축, 농업과 공업, 그리고 상업의 결합을 추구하였다. 농업과 축산업이 합리적으로 조화를 이루면서 다양화되고, 이러한 농업과 축산업이 공업, 상업과 더불어 촌 경제를 형성하여 집단적 경제를 강화하고 인민의 부유화를 추구한다. 즉, '사회주의 현대화

신농촌' 건설을 지향하였다.

이처럼 집단농장을 유지하면서 농업 기계화를 추진한 이유 가운데 하나는, 농지를 개별적으로 분배하는 경우 당시 이미 발전하고 있던 농촌 공업 부문에 대한 노동력 공급에 장애를 초래할 것을 염려하였기 때문이다. 또우띠엔 촌에서는 일찍부터 농촌 공업이 발전하기 시작하였고, 농업기초론(농업이 경제의 기초가 되나 경제의 발전은 공업이 주도함)에 입각하여 농촌 공업의 중요성을 인식하고 있었다.

이러한 결정은 또우띠엔 촌의 인민들에 의해서 자주적으로 이루어졌는데, 그것을 지도한 당시의 당서기 장전량은 39년간 또우띠엔 촌을 지도하고 있다. 그는 현재 총공사의 총경리(사장)를 맡고 있다. 당서기 및 총경리는 기본적으로 선출직으로, 임기는 분명치 않으나 2~3년마다 선출된다.

경종농업과 축산업의 양성순환을 지향한다

370ha의 경지에 100여 명이 취업하고 있는데 95%가 여성 노동력이다. 그 외에 50명의 농기계 작업대가 기간 농작업을 담당하는데, 이들은 농한기 및 여가를 이용하여 농작업 이외에 운송업에도 종사한다. 주된 생산물은 옥수수와 조인데, 농작업은 파종부터 수확까지 100% 기계로 한다. 초기에는 대형 기계(수확기 등)는 독일이나 러시아에서 수입되었으나 현재는 중국에서 자체 생산한다.

1994년에 옥수수와 조를 700만 근(1근은 500g)을 생산하였다. 1ha당 생산량은 대략 15톤으로 매우 높다. 생산량 가운데서 517만 근을 국가에 판매하였다. 국가에 대한 공판 의무량은 1949년 해방

이후 1무당 40~50kg이다. 공판은 대체로 생산량의 5% 정도이다. 공판은 매우 싼 값으로 하지만, 나머지 국가에 대한 판매량은 시장가격으로 판다.

국가에 대한 토지세는 1무당 10원, 마을 전체로는 5~6만 원이다. 대체로 농업 총생산액의 1.5%에 지나지 않는다(1994년 농업 생산액은 400~500만 원). 이처럼 토지세의 비율이 낮은 것은 이 촌의 생산력이 전국 평균에 비해 월등히 높기 때문이다.

무공해 야채를 생산하여 일본에 수출한다. 향진기업에서 연간 60~70만 원을 농업에 투자하고, 축산업의 분뇨가 농업 비료의 원천이 되고 있다.

축산에는 약 200여 명이 종사하는데, 고기 소 5,000마리, 판매용 돼지 5,000마리, 젖소 300마리, 토끼 5,000마리, 닭 20만 마리(계란용)를 사육한다. 20만 마리의 닭에서 연간 18톤의 비료를 생산한다. 달걀은 정부의 최고가격제(1근에 3.5원)로 인해 매년 50~60만 원의 손실을 보고 있다. 그럼에도 불구하고 비료생산을 위해 양계장 운영을 계속하고 있다. 이러한 국가정책에 대해 강한 불만을 나타냈다. 그리고 정부의 저가격 정책으로 손실이 더욱 커지면 언젠가는 양계장을 중단하지 않을 수 없다고 하였다. 어쨌든 또우띠옌 촌은 농업과 축산업의 양성순환이라는 이상을 실현하기 위해 노력하고 있었다.

농업과 공업의 양성순환을 지향한다

현재 35개의 향진기업에 약 4,000명이 취업하고 있다. 1978년 이전부터(대략 1976~1977년부터) 경제개혁의 방향을 예상하고 베이징 시장을 대상으로 운수업, 건축자재업 등의 향진기업을 시작하였다. 1982년의 호별생산청부제와 호별경영청부제가 전국적으로 실시될 때 이를 반대하고 집단농장체제를 유지한 이유는, 이미 이 시기에 또우띠옌 촌에는 18개의 농촌 공업이 발달하고 있었기에 그에 필요한 노동력을 조달하기 위한 것이었다.

또우띠옌 촌의 자기 자본과 정부의 배려로 향진기업이 본격적으로 발전하기 시작하였다. 향진기업 가운데서 가장 큰 것은 건축자재 공장으로, 2,000명이 종사한다. 금년 수입으로 1억 원을 예상한다. 여기에는 베이징에서 두 번째로 큰 건축대가 있는데, 약 1,000명이 일한다. 이들은 건축자재 공장에서 생산한 건축자재를 이용하여 베이징 시 일원에서 공사를 한다. 다만, 공사가격에서는 또우띠옌 촌과 다른 지역 사이에 약간의 차별이 있다고 한다.

봉제 공장에는 약 900명의 종업원이 근무한다. 이들은 70여 종류의 옷을 연간 35만 점 생산하여 세계 13개국에 수출한다. 주요 수출 대상국은 미국, 캐나다, 일본, 독일, 동남아 등이다. 원단과 기계는 대부분 일본에서 수입한다. 공장의 총경리(사장)는 월급은 직공들과 별로 다르지 않으나, 승용차가 제공되고 수입에 따라 보너스가 지급된다고 한다.

이 외에 식품가공 및 소시지 공장, 제약 공장(소염제 및 성병 치료제), 불상 등 공예 공장 등의 향진기업이 운영되고 있다. 최근에는 400무(260ha)에 공업구 건설을 계획하고 국내외의 투자유치를 위해 세금 감면 등 각종 우대조치를 취하고 있다.

농장 및 기업에 근무하는 사람은 임금을 받는다. 농업임금은 대략 연간 1만 원을 초과한다(장려금 포함). 축산업과 향진기업에는 연간 8,000~9,000원을 지급한다. 기업의 수입에 따라 소득에 약간의 차이가 있으나 불평등도는 심하지 않다. 농업 부문 종사를 기피하는 경향이 있기 때문에 농업 부문에 대해서는 목표치를 낮게 잡아, 장려금을 더 많이 지급함으로써 소득균형도 맞추고 농업 부문 취업을 장려한다. 또우띠엔 촌은 농업과 공업의 양성순환이라는 이상을 추구하고 있었다.

개혁으로 달라진 촌민 생활

1978년 11기 삼중전(중국공산당 중앙위원회 전체회의) 이전의 인민공사 체제하에서는 국가계획하에 모든 것이 결정되고 농민의 자주권이 전혀 없었다. 따라서 생산성이 매우 낮았고, 농민이 받는 임금도 매우 적었다. 청장년의 1일 임금은 17전으로 계란 1개 값이었다. 또우띠엔 촌의 1년 총수입은 60만 원에 지나지 않았다. 1,000여 명이 농업에 종사하였고, 이들의 연간 소득은 평균 60~70원에 지나지 않았다. 농민의 생활은 가난하고 식량도 부족하였다. 가을에 수확 후 국가에 식량을 바치고 식량이 부족하면 다시 국가에서 배급받는 생활이 되풀이되었다고 한다.

그러나 개혁 후에 농민의 자주성 향상으로 생산성이 크게 높아지고, 수입이 증대되었다. 촌민의 생활이 크게 향상되어 최근에 아파트와 주택이 많이 신축되었다. 아파트의 경우, 토지는 국가소유이나 건물은 개인소유로 약 30평(3LDK)에 5~6만 원에 매매된다. 접대 책임자 정 씨의 안내로 두 집을 방문하였다.

한 집은 2층 양옥으로 수년 전에 지었다. 크고 작은 방(객실, 침실, 부엌 등을 포함)이 10개를 넘는 집에 4명(부부와 아들 1, 딸 1)이 살고 있었다. 방은 화려하지는 않지만 깨끗하게 꾸며져 있었고, 응접실에는 에어컨과 대형 도시바 컬러텔레비전이 놓여있었다. 방마다 전화가 놓여있고, 임시 가정부도 고용하고 있었다. 부부가 소 목장에서 일해서 연간 2만 원 정도의 수입을 얻는다고 하는데, 이런 생활이 어떻게 가능한지 얼른 이해되지 않았다.

다른 한 집은 3세대 4가족이 함께 사는 집이었다. 즉, 조부모와 부모, 그리고 자녀 2명이 각각 독립된 가옥을 소유하고 한 울타리에서 살고 있었다. 따라서 이 집에는 넓은 앞마당에 많은 꽃들이 심어진 것이 인상적이었다. 조부는 철도공무원이었으나 은퇴하여 연금으로 생활하고, 부(父)는 또우띠엔 총공사의 부경리(부사장)로 일한다. 자녀 하나는 팡산 구에 있는 회사에 다니는데, 오토바이로 5km를 출퇴근한다. 다른 자녀는 베이징의 한 철도역에 근무하는데, 현재 베이징에서 살고 있다. 집이 좁은 듯하여 최근 3LDK의 아파트를 6만 원에 구입하여 조부모와 부모가 이사를 갈 예정이라고 한다.

이 두 집은 모두 1993년 정월에 장쩌민 총리가 이 촌을 방문하였을 때 들른 집이라, 총리와 찍은 사진이 걸려있다. 그래서 이 마을에서도 가장 부유한 집을 소개한 것이 아니냐고 하니까, 자신들이 장쩌민을 안내한 것이 아니고 총리가 자동차로 지나면서 무작위로 들어가 보자고 하였다고 한다. 안내원의 말을 신뢰한 것은 그 사람의 인품, 그리고 촌의 거의 대부분의 집이 우리가 방문한 집과 유사할 것이라는 점을 외관으로 쉽게 알 수 있었기 때문이다.

당위원회, 총공사, 농업기술협회에 약 20명의 직원이 근무하는데, 당 우위를 견지(당위원회의 영도)하면서 이들이 겸무를 하는 경우가 많다. 아직도 인민공사 시절의 정사합일(政社合一) 전통이 유지되고 있는 것은 아닌지……. 그리고 전문가를 초빙하여 농업기술교육을 정기적으로 실시한다.

소학교에는 600명의 학생이 있는데 교사가 50명이고, 4학년부터 컴퓨터 교육을 실시한다. 유치원, 소학교 하나, 중학교 하나가 촌에 있고, 고등학교는 진에도 없고 팡산 구로 다니는데 멀지는 않다. 고등학교(직업학교 포함) 진학률은 대략 80% 정도로 높은 편이다. 학교 운영은 촌에서 보조를 한다. 9월 10일 스승의 날에는 촌에서 특별 선물도 한다. 그리고 교원의 농촌 기피 현상이 있기 때문에 부족한 교사를 총공사에서 독자적으로 고용하기도 한다. 촌에서 100여 명이 대학을 다니고 있다.

진에 종합병원이 있고, 촌에는 병원이 2개 있다. 간호원을 포함하여 의료인이 70~80명 정도이고 병상이 50여 개이다. 그 외 총공사에서는 영빈관이라는 대형 식당을 운영하는데, 종업원이 40여 명 정도이고 이들의 임금도 대략 연간 1만 원이다. 60세 이상의 노인은 간단한 노동과 연금으로 생활한다.

또우띠옌의 이상과 실천

불과 하루밖에 또우띠옌 촌에 체류하지 않았기 때문에 충분한 실태 파악이 되지는 못하였다. 통계 숫자의 정확성 등에 의문이 있었으나 역시 확인하지 못하였다. 따라서 조사기라기보다는 인상기에 지나지 않는다.

이곳은 시범 마을(單位)로 국내외에서 많은 사람이 시찰하는 곳이므로 중국 전체로 보면 예외적인 곳이다. 그러나 이곳의 발전이 문화혁명 시기와 같이 국가의 지원에 의해서가 아니라 주민들의 주체적인 결정과 자력에 의해서 달성되었다는 점에서 모범촌으로서의 의의가 매우 크다. 최근 이 촌의 영향으로 베이징 일원의 250개의 촌이 집체로 돌아서고 있다는 접대책임자의 자신감에 찬 발언은 음미해 볼 필요가 있다.

이 마을에서 가장 인상적이었던 것은 집단(집체경제)을 유지함으로써 개인의 이익을 극대화하려고 하는 점, 또한 농업과 축산업의 결합을 통한 생태계의 유지, 그리고 농업과 공업의 상호 지원 체제 등 두 개의 양성순환을 구축하려고 하는 또우띠엔 사람들의 이상과 실천이었다.

(《농민과 사회》, 1995년 겨울호)

농촌개발의 새로운 패러다임

왜 농촌개발인가

우루과이 라운드 농업협상 이후 각국에서 농촌개발에 대한 관심이 높아지고 있다. 우리나라에서도 최근 농촌개발의 중요성이 급부상하고 있는데, 그 이유는 경제적, 사회 및 환경적, 정치적 요인 등으로 나누어 볼 수 있다.

우선 경제적 요인으로는 첫째, WTO체제하에서 농산물시장이 개방되고 전통적인 농업보호정책(농산물가격 지지정책)이 축소됨에 따라 농업이 쇠퇴하고, 그 결과 농촌 지역의 활력이 급격히 떨어지고 있다. 둘째, 이농에 따라 농촌인구가 급속히 감소하고 있다. 셋째, 농촌경제의 다각화가 진전되어 농촌경제에서 농업이 차지하는 비중이 점차 감소하고 비농업의 비중이 증대하고 있다. 넷째, 농촌 지역이 지리적 위치나 산업구조에 따라 매우 다양한 모습을 지니고 있다.

사회 및 환경적 요인으로는 첫째, 농촌 지역의 혼주화가 진행되고, 농촌은 단순한 농업생산 공간이 아니라 생활공간으로서 인식되기 시작하고 있다. 둘째, 생활수준의 향상과 과도한 도시화에 대한 반발로 농촌 어메니티와 삶의 질에 대한 관심이 높아지고 있다. 셋째,

농촌 지역의 난개발과 농업생산성 증대를 위한 집약적 농업으로 인해 농촌 환경이 급속히 나빠지면서, 이에 대한 반성과 더불어 친환경농업에 대한 관심이 높아지고 있다. 넷째, 농촌 지역, 특히 조건불리지역에서 공동화가 급속히 진행되는 등 농촌 지역사회의 붕괴가 나타나고 있다. 다섯째, 농촌인구의 감소와 고령화로 농촌사회가 활력을 상실하고 담당자(주체) 문제가 심각해지고 있다.

정치적 요인으로는 첫째, 그동안 많은 농촌대책이 추진되었지만 농촌의 사정은 크게 개선되지 않았고 오히려 농민의 불만이 높아지고 있다. 이에 따라 농정의 목표(이념), 농정 추진체계 등에 대한 비판이 꾸준히 제기되어 왔다. 둘째, 하향식 하드웨어 투자(농업생산 및 생활 기반 중심) 중심의 기존 농촌개발정책에 대한 비판이 제기되어 왔다. 셋째, 중앙부처 중심의 종적·분단적 농촌개발에 대한 반성이 제기되면서 중앙부처의 재편과 지방정부의 혁신에 대한 요구가 증대하고 있다. 넷째, 정부개입의 후퇴로 민간의 역할에 대한 중요성이 강조되고 있다.

농촌개발의 비전

생활공간으로서의 농촌개발

농촌 주민생활에 필요한 공공서비스(의료, 교육, 복지, 문화 등)와 사회간접자본(주택, 도로, 상하수도, 교통, 정보, 통신)이 충분히 공급되어야 한다. 즉, 국민 최저한(national minimum)의 관점에서 전 국민이 농촌이나 도시, 전국 어디에 살든 최소한 누리고 살 수 있는 생활 여건을 마련하는 것이 공공 부문의 역할이다. 공공서비스를 제공하는 농촌복지정책과 사회간접자본을 공급하는 농촌 지역개발정책이 필요하다. 생활공간으로서 농촌 지역의 낙후성을 극복할 수 있는 획기적인 재정지출이 요구된다.

경제활동 공간으로서의 농촌개발

농업은 농촌 지역의 가장 중요한 기반산업이다. GNP에서 차지하는 농업의 비중은 이미 5% 수준으로 낮아졌지만, 농촌 지역에서 농업이 차지하는 비중은 여전히 절대적이다. 따라서 농업개발은 대단히 중요하다. 다만, 농업개발의 목적을 지금까지와 같이 소농 배제를 전제로 한 대농의 육성, 즉 규모의 경제(규모화)를 통한 생산성 향상=생산비 인하에 두는 것은 재검토될 필요가 있다. 지속 가능한 농촌개발을 위해서는 일정 규모 이상의 인구 유지가 필요하고, 또한 농촌에 대한 국민의 요구가 값싼 식량의 제공에서 다원적 기능으로 전환되는 추세이기 때문에 농업개발의 방향도 환경친화적인 고품질 농산물 생산으로 바뀌어야 한다.

농업은 중요한 산업이지만 농촌 지역의 유일한 산업은 아니고, 이미 많은 농촌 지역에서 비농업 경제활동의 종사자가 농업종사자를 훨씬 능가하고 있다. 앞으로 국민경제 전체에서뿐 아니라 농촌 지역에서도 농업의 비중은 낮아질 수밖에 없기 때문에, 농촌사회를 지속적으로 유지하기 위해서는 농촌 지역의 경제활동이 다각화되어야 한다. 경제활동의 다각화는 농민의 경제활동 다각화(겸업의 확대)뿐 아니라 비농민의 경제활동이 활성화되어야 한다는 것을 의미한다.

농촌 지역의 경제활동 다각화와 관련해서 농산물의 가공 및 마케팅, 새로운 기업(특히 중소규모)의 창업, 전통산업과 농촌관광의 활성화 등이 중요하다.

환경 및 경관 공간으로서의 농촌개발

농촌과 농업에 대한 국민의 요구가 변화하면서 환경 및 경관 공간으로서 농촌의 중요성이 점차 증대되고 있다. 즉, 농촌이 단순한 생산 공간이 아니라 레저와 휴식 공간으로서 주목받고 있는 것이 세계적 추세이다. 이에 비하면 그동안 우리나라의 농촌 환경 및 경관은 이른바 개발이라는 미명 아래 급속도로 파괴되어 왔기 때문에 농촌 환경 및 경관을 회복하고 보전하는 것이 긴급한 과제이다. 회복하고 보전해야 할 환경 및 경관의 범위에는 자연환경뿐 아니라 야생 동식물 보호, 유형·무형의 전통적 문화유산(전통 건축물, 문학 및 예술, 축제, 식문화 등), 그 지역의 개성 등이 포함되어야 하며, 이것이 결국 농촌관광과 연결되어야 한다.

주체적 자율적 농촌 주민: 농촌 주민의 역량개발

그동안 농업개발정책(구조개선정책)과 농촌개발정책이 정치논리에 따라 중앙정부의 주도하에 추진되어 왔기 때문에, 농촌 주민은 주체적 역량을 키우지 못하고 외부에 대한 의존성만 증대되었다. 그러나 농촌 지역사회를 지속적으로 유지하기 위해서는 지역 스스로 운명을 결정하고 책임질 수 있어야 한다. 농촌 지역 주민이 스스로의 미래에 대한 계획을 세우고 시행과 감시의 주체가 되어야 하지만, 현실적으로 우리 농촌의 경우 주민 역량이 매우 미약한 것이 사실이다. 따라서 장기적 관점에서 농촌 주민의 주체 역량을 강화하기 위한 노력(capacity-building)을 하지 않으면 안 된다. 이를 위해서는 각종 교육 및 훈련기회를 확대해야 할 뿐 아니라, 농촌 주민 스스로 자신의 문제를 찾아내고 그 해결책을 고민할 수 있는 새로운 정책 프로그램이 개발되어야 한다. 여기서 중요한 것은 지역 주체 간의 협력 및 지역 외부와의 네트워크 형성과 파트너십이다.

농촌개발정책의 혁신

농정이념과 농정대상의 재정립

우선 농정이념을 효율주의에서 농업·농촌의 다원적 기능 극대화로 전환해야 한다. 종래의 농정은 농업과 농업자(농민)를 대상으로 농업생산성의 향상과 농·공 간 소득격차의 시정을 목표로 하였지만, 이와 같은 효율주의 농정은 농업생산성의 향상은 가져오지만 농촌지역의 쇠퇴, 환경악화, 농산물의 과잉생산, 계층 간 격차 심화 등의 문제를 야기하였다.

농산물시장 개방이 본격화되면서 1990년대 이후 농촌대책은 농업경쟁력 제고를 위한 농업구조개선 중심으로 추진되었다. 농업구조개선 정책은 농업경영의 규모화와 생산성 향상에 일정한 기여를 하였지만, 농촌문제의 해결에는 커다란 도움이 되지 않는다. 또한 농업구조개선 정책은 선별적 성격을 지니기 때문에 모든 농가 계층을 포괄하지 않고, 그것이 생산성 제일주의가 되면 환경파괴를 초래할 위험도 있다. 따라서 농정은 효율주의의 좁은 틀을 벗어나 지역주의와 환경주의 이념을 강화하고, 농업·농촌의 다원적 기능을 극대화하는 방향으로 전환되어야 한다.

다음으로 농정대상을 부문(sector)정책에서 지역(territory)정책으로 전환해야 한다. 그동안 우리나라의 농촌정책은 부문정책 중심이었다. 즉, 농업 부문 근대화나 농촌 공업 부문 육성 혹은 농촌 생활환경 부문 개선 등 부문정책이었지, 농촌이라는 지역에 기초한 종합적 농촌정책은 거의 추진되지 않았다. 정부가 수차례에 걸쳐 농어촌종합대책을 발표했지만, 그것은 '농업정책＋농촌정책＋농민정책'이란 점에서 종합일 뿐 정책 상호 간의 유기적 관련성은 부족하였다. 특히, 최근에는 농업경쟁력 제고를 위한 농업구조개선의 필요성이 강조되면서 농정이 농업정책에만 편향됨에 따라 농촌정책 혹은 농민정책은 상대적으로 소홀히 다루어졌다. 따라서 농정은 농업정책이라는 좁은 틀을 벗어나 농촌이 지니는 다양한 잠재력(potential)을 극대화화고, 농촌 지역사회의 지속적 발전에 기여하기 위해 농업·지역·환경을 포괄하는 통합적 농촌정책(integrated rural policy)으로 전환되어야 한다.

농촌개발의 원칙: 지속 가능한 농촌개발

첫째, 농촌개발의 경제적·사회적·환경적 목표를 통합적으로 추구해야 한다. 종래의 농촌개발은 경제적 개발에 치중되어 사회적·환경적 목표에 대한 고려가 불충분하였다.

둘째, 농업뿐 아니라 농촌 지역의 소득 및 고용기회 창출에 기여하는 모든 경제활동을 지원대상으로 해야 한다. 그동안의 지원정책은 농업 부문에 편중되고 농촌 내 비농업 경제활동에 대한 고려가 불충분하였다.

셋째, 사업계획의 수립 및 집행이 지역주도의 상향식으로 이루어져야 한다. 그동안의 농촌개발정책은 중앙정부에 의해 하향식으로 추진되었다.

넷째, 지역의 모든 자원(인적 자원, 물적 자원, 자연자원 등)을 최대한 활용할 수 있도록 민간과 행정의 파트너십에 기초하여 지원이 이루어져야 한다. 종래의 농촌개발정책은 개발 자원을 주로 농촌 지역 외부에 의존하였다. 또한 지역적 관점이 결여된 채 개인 혹은 단체에 대한 지원이 중심이었고, 시혜적 성격을 지니고 있었다.

다섯째, 다양한 정책 메뉴를 제시하고 각 지역이 자신의 수준에 맞추어 선택할 수 있도록 하되, 사업 상호 간에는 통합성을 갖추어야 한다. 그동안의 정부시책은 개인이나 생산자 단체를 중심으로 분산적으로 시행되어 왔다.

여섯째, 사업의 내용이나 시행방식에서 종래의 사업과는 다른 혁신적 사업을 지원해야 한다. 종래의 지원시책은 지역의 개성이나 특성을 제대로 반영하지 못했다.

일곱째, 소득 및 고용기회의 창출에 기여하는 경제활동에 대한 직접지원뿐 아니라, 그러한 경제활동을 잘할 수 있는 역량(잠재력) 개발을 위한 지원도 병행되어야 한다. 지금까지의 지원정책은 경제적 지원에만 국한하고 역량개발 그 자체를 소홀히 하였다.

여덟째, 지원대상 지역의 범위에 신축성을 부여해야 한다. 지금까지의 농촌 지역종합개발은 군 또는 면 혹은 마을 등 행정구역을 중심으로 이루어졌다. 그러나 앞으로 농촌개발사업은 사업의 특성에 가장 잘 맞는 지역 범위를 자율적으로 선택할 수 있도록 해야 한다.

아홉째, 새로운 정책의 경우 반드시 사업의 진행과정에 대한 감독 (monitoring)과 사후평가가 철저하게 이루어져야 하고, 그러한 평가에 기초하여 사업을 확대해야 한다. 그동안의 농촌개발정책은 감독과 평가가 제대로 이루어지지 않은 채 물량 중심의 실적주의에 치중한 측면이 있다.

농촌개발 추진체계의 혁신

① 농정에 대한 국민적 합의

농업과 농촌의 비중이 저하하여 국민경제에서 차지하는 비중이 매우 낮아진 현실에서 소수자로서 농업(자)이 존립하기 위해서는 다수자인 비농업(자)의 지지가 반드시 필요하다. 이를 위해서는 위에서 지적하였듯이 농정이념을 전환하고, 농정의 대상과 범위도 농업과 농업자로부터 국민과 국민경제로 확대해야 한다. 이와 더불어 농업과 농촌이 쇠퇴하면 도시와 국가 전체가 쇠퇴할 수밖에 없다는 시각을 정책 당국자는 물론, 일반 도시 주민에게도 인식시킬 필요가 있다. 국민적 합의의 형성을 위해서는 농업·농촌의 가치에 대한 국민인식이 재정립되어야 하고, 이를 위해 도시와 농촌의 교류를 확대해야 한다.

② 분권화와 주민 참가 시스템 구축

농촌 지역정책은 서로 개성을 달리하는 개개의 지역을 대상으로 하기 때문에 중앙집권적 정책으로는 성공할 수 없고, 정책의 주체는 숙명적으로 지역일 수밖에 없다. 따라서 분권화에 의한 지방자치의 확립이 반드시 필요하다. 분권화는 중앙정부로부터 권한과 재정을 지방정부에 이양하는 것이다. 그러나 재정 이양 없는 권한 이양은 지자체의 부담만을 가중시킨다는 의미에서 재정이양은 분권화의 핵심적 사항이다.

한편 주민 참가 없는 지방분권화는 중앙과 지방의 권력의 분점을 의미할 뿐, 참다운 의미의 지방자치와는 거리가 있다. 지방분권화는 중앙권력과 지방권력의 연계, 지방권력과 지방 엘리트의 유착을 통해 오히려 '풀뿌리 보수주의'를 강화할 우려가 있다. 파트너십에 기초한 주민 참가를 지자체 행정에 도입하는 제도적 개혁이 필요하다.

③ 상향식 농정체계 구축

중앙집권적 농정은 정부가 시책을 결정하고 획일적으로 지시하는 하향식 추진방식이기 때문에 지역의 특성과 주민의 의사를 반영하기 어렵다. 또한 중앙집권적 농정은 대체로 외래자본의 유치나 중앙정부의 지원에 의한 농촌개발을 추진한다. 그런데 외래자본의 유치 자체가 어려운 농촌 지역이 많고, 자본유치에 성공한 지역이라 하더라도(예: 농공단지에 공장 입주) 개발의 성과가 지역에 귀속되지 않고 유출되는 경우가 많다. 중앙정부의 지원은 그것을 받아들일 지역의 역량이 갖추어지지 않으면 자원의 낭비로 끝날 위험이 높기 때문에 농촌정책이 성공하기 위해서는 지역의 특성을 고려하고 지역의 자원을 최대한 활용할 수 있는 상향식 농정으로 전환해야 한다.

④ 통합

첫째, 정책목표 간의 통합이다. 농촌개발의 장기적 목적이 지속 가능한 농촌사회의 실현에 있다고 한다면, 농촌과 관련된 제 정책들을 통합적으로 운영할 필요가 있다.

둘째, 정책수단 간의 통합이다. 다양한 농촌개발 정책수단을 제시하고 각 지역이 자신에 맞는 정책수단을 선택하도록 한다. 그 경우 채택된 정책수단들은 상호 충돌을 피하고 효율성을 높이기 위해 계획에 의해서 통합적으로 운영해야 한다.

(전국농업기술자협회, ≪농업기술회보≫, 2004.6.23.)

제6부

농업·농촌의 위기와 상생의 길

농민에게 나라란 무엇인가

"독립됐다고 했을 제 만세 안 부르기 잘했지." 채만식의 1946년 작 「논 이야기」의 마지막 구절이다. 「논 이야기」의 주인공 한 생원은 구한말과 일제 시대를 거치면서 스무 마지기 논을 모두 빼앗기고 소작농으로 전락하였다. 해방이 되고 일본인이 쫓겨갔으니 농지를 되찾을 것으로 생각했으나, 돈을 주고 도로 사야 한다는 사실에 화가 난 한 생원은 국가의 존재 의의를 통렬하게 비판한다. "독립이 된 앞으로도 아전이나 일본 놈 대신에 가난한 농투성이를 핍박하는 권세 있는 양반들이 생겨날 것이요", "나라라고 하는 것은 내 나라였건 남의 나라였건 백성에게 고통이나 주자는 것이지 유익하고 고마울 것은 조금도 없는 물건이었다."

지난 주 정부는 쌀 관세화 협상 이행계획서 수정안을 발표하였다. 쌀 관세화를 10년간 유예하는 조건으로 의무수입량을 두 배로 늘리고, 의무수입 쌀의 시판 비중을 30%까지 늘린다는 것이다. 이것만으로도 농민들이 받는 충격은 엄청난데, 더욱이 쌀 협상의 부가합의 형태로 다른 농산물에 대해서도 추가 개방의 길을 열어놓았다는 것이 새롭게 알려졌다. 즉, 정부는 중국에게 사과, 배 등 4종의 과일에 대한 식물검역상 수입위험 평가절차를 신속히 추진하기로 합의하고, 아르헨티나, 캐나다, 이집트와 인도에도 닭고기, 오렌지, 완두콩, 유채유, 쌀 등에 대해서 추가 양보를 하였다는 것이다. 농민단체들은 즉각 '제2의 마늘 협상을 연상케 하는 이면 합의'라고 규탄하고, 쌀 협상 전문공개, 국정조사 실시, 협상 책임자 문책 등을 요구하고 있다. 이에 대해 농림부는 식물수입 검역절차를 협의하기로 한 것일 뿐 수입을 허용한 것이 아니고, 협상 상대국 입장을 감안할 때 협상 원문을 일방적으로 공개할 수 없다고 해명하였다.

그러나 정부의 이러한 해명은 오히려 의혹과 농민들의 분노만 증폭시킬 뿐 사태 해결에는 도움이 되지 않고 있다. 중국이 지난해 쌀 협상 과정에서 농산물의 검역 완화를 요구한 것은 이미 알려진 사실이나, 당시 농림부 당국자는 쌀 협상과 관련해 다른 품목이나 검역절차에 대한 양보는 없다고 언명하였다. 이 말이 사실이라면 쌀 협상이 다 끝난 마당에 부가합의서 형태로 추가 양보를 한 이유가 무엇인지 석연치 않다. 쌀 협상 파문은 농민들의 억누른 분노에 불을 질러 걷잡을 수 없는 사태를 초래할 가능성이 있다. 정부는 별거 아니라는 식으로 얼버무릴 게 아니라 협상과정과 결과를 공개 하고 전문가의 철저한 검증을 받아, 국민의 이해를 구할 것은 구하고 책임질 것은 져야 할 것이다. 만약 검증 과정에서 결정적인 문제가 발견되면 국회는 쌀 협상 결과에 대한 비준을 거부해야 한다. 이는 진행 중인 WTO 도하 라운드(DDA) 협상에서 같은 잘못을 되풀이 하지 않기 위해서도 반드시 필요하다.

지난 우루과이 라운드 농업협상이나 2000년 한·중 마늘 협상, 그리고 이번 쌀 협상 파문의 근본 원인은 정부의 잘못된 농산물협상 태도에서 비롯된 것이다. 그동안 정부는 대외협상에서 농업 부문의 이익과 다른 부문의 이익이 상충되면 농업 부문을 희생해 왔고, 농업 부문 내에서는 쌀과 다른 농산물의 이해가 충돌되면 다른 농산물을 희생하는 협상 태도를 취해왔다. 그리고 협상 결과는 외교관례를 앞세워 공개하지 않고, 언론 등에서 크게 문제가 되면 마지못해 책임자를 문책하는 방식으로 문제를 얼버무려왔다. 그러나 시간이 지나 잊혀질 만하면 문책당한 인사가 오히려 정부 요직에 승진하였다. 이런 상황에서 누가 농민의 이익을 지키기 위해 온몸을 던져 협상에 임하겠는가.

해방 60년이 되는 2005년 봄, 한 생원의 독백이 이어진다. "난 오늘버틈 도루 나라 없는 백성이네. 제~길 나라가 있으면 백성한테 무얼 좀 고마운 노릇을 해주어야 백성두 나라를 믿구 나라에다 마음을 붙이구 살지." "나라가 다 무어 말라비틀어진 거야? 나라 명색이 내게 무얼 해준 게 있길래 이번엔 쌀 시장 개방도 모질라 이면 합의까지 하는 기여. 그게 나라야?"

("시평", ≪한겨레신문≫, 2005.4.21.)

농정개혁의 올바른 방향

거듭되는 농정실패와 암울한 농촌 현실

'국민의 정부'는 역대 어느 정권보다도 많은 농민들의 적극적인 지지와 열망 속에서 출범하였다. 국민의 정부는 농업인이 농업에 종사하는 것을 보람으로 느낄 수 있도록 "농업인을 위한, 농업인이 주인 되는, 농업인과 함께하는 농업정책"을 약속하였다. 그러나 임기 절반을 넘어선 지금 국민의 정부의 약속은 지켜지지 않았다. 많은 농민은 보람을 느끼기는커녕 자신의 암울한 현실과 미래에 대한 불안으로 한숨만 짓고 있다. 그뿐만 아니라 농산물가격의 폭락과 농가부채에 짓눌려 파산·야반도주·자살하는 농민이 속출하고 있다. '농민대란설'이 공공연히 떠도는 가운데, 21개 농민단체들은 각 시·군별로 11월 21일 '개방농정과 농가부채해결'을 위한 100만 농민 궐기대회를 열고, 12월 중순에는 서울에서 대규모의 전국대회를 계획하고 있다.

물론 오늘날 우리 농업·농촌의 어려움이 국민의 정부만의 책임은 아니다. 그것은 역대 정권의 농정 실패의 누적된 산물이다. 우리는 농정 실패의 뿌리를 박정희 시대의 개발독재(불균형 공업화 정책)에서 찾을 수 있지만, 그 원인을 가깝게는 1989년의 농어촌발전종합대책(이하 '농발대') 이후의 이른바 구조농정에서 찾을 수 있다. 농발대는 노태우 정부하에서 수립된 것이지만, 그 농정 철학은 '문민정부'를 거쳐 '국민의 정부'에서 그대로 관철되고 있다.

지난날의 농정(구조농정)에 대한 반성

농발대는 다음과 같은 두 가지 철학에 입각해서 수립되었다. 첫째, 한국 경제의 국제화·개방화 추세에 따라 농산물의 시장개방은 피할 수 없기 때문에, 한국 농업이 살아남을 수 있는 길은 농업구조의 개선을 통해 국제경쟁력 있는 강한 농업의 육성밖에 없다. 둘째, 이를 위해서 농가유형별로 선별적 정책을 실시하여, 영세농은 탈농을 유도하는 한편 상층농에게는 규모 확대를 위한 지원을 집중한다는 것이다.

이처럼 농발대 이후의 구조농정은 농산물시장의 전면개방을 전제로 한 경쟁력 지상주의('국제경쟁력 있는 농업만이 살 길')를 기본 이념으로 하고 있다. 그러나 이는 농정의 목표와 수단이 전도된 것을 의미한다. 즉, 농업구조의 개선, 국제경쟁력의 제고 등은 농정 목표를 달성하기 위한 정책수단이지 그 자체가 농정의 이념이나 목표가 될 수 없다. 농정은 농민의 관점에서는 농민의 소득 및 복지 수준의 향상, 국민의 관점에서는 농업의 다원적 기능(식량안보의 확립, 농촌지역사회의 유지·발전, 국토 및 환경의 보전, 전통 및 문화의 계승, 인간교육 등)의 극대화를 기본 목표로 하고, 그것의 실현을 위해 농업구조정책과 가격정책, 생산정책 등 다양한 정책수단을 효율적으로 사용하는

것이다. 그러나 구조농정은 생산력 제일주의에 사로잡혀 농업구조
정책뿐 아니라 가격정책, 생산정책, 소득정책 등 모든 농정수단을
오로지 농업생산성의 증대라는 목표를 위해 동원하였다.

구조농정은 엘리트 농정, 중앙집권적 설계농정, 시혜적 농정을
특징으로 한다. 우리나라의 농정은 정치적 색깔이 매우 짙다. 농정은
농민 길들이기 혹은 환심 사기의 수단으로 이용되고 각종 슬로건이
난무한다. 정부는 실현할 수 없는 목표(예: '돌아오는 농촌')를 정치적
으로 선전할 뿐 그 책임은 지지 않는다. 농정은 목표 달성에 실패하
고, 막대한 돈을 낭비하고, 농민을 빚더미로 내몰고, 비농업계로부터
농업 부문에 대한 예산은 밑 빠진 독에 물 붓기라는 비난을 자초하고
있다.

구조농정은 농업의 지역적 특성을 무시한 채 중앙집권적으로 추
진되었다. 정부는 전업농어가 15만 호의 육성이라는 식으로 구체적
수치를 설정하고 그 기준에 합치하는 농민과 농작물, 농지에 정책적
지원을 집중하는 설계농정을 펼쳤다. 구조농정은 중앙정부가 농정
의 구체적 내용을 설계하고, 지방정부는 정부의 설계도에 따라 농정
을 집행(관리)하며, 농민은 설계도에 따라 정책 지원을 받아서 농사를
짓는다. 이와 같은 설계농정은 필연적으로 엘리트 농정이 될 수밖에
없다.

경쟁력 지상주의를 이념으로 한 중앙집권적 설계농정의 실패는
처음부터 예견된 것이었다. 정부는 경쟁력 제고를 위해 농업투자의
수익성을 고려하지 않은 채 무조건 농업 경영규모의 확대를 지원하
였다. 정부 지원은 보조금과 저리로 인해 농민들에게는 엄청난 특혜
로 인식되고 정책자금을 둘러싼 경쟁까지 연출되었다. 지원 대상자

의 선정 메커니즘이 제대로 작동하지 않아 무자격자와 무능력자가
정부 지원을 받는 경우가 적지 않고, 무조건 정부 지원을 받고 보자는
무책임감이 농민들 사이에 팽배하였다. 심지어 설계농정은 정부의
물량적 목표 설정치(예: 후계자 몇 명, 전업농 몇 명, 시설원예 몇 호
등)의 달성에 급급하여 정부 예산의 소화불량 현상조차 발생하였다.
무엇보다도 심각한 것은 수익성을 고려하지 않은 무리한 규모 확대
가 농업경영의 대량 파산으로 나타나고 있다는 점이다.

앞으로의 농정 방향

오늘날 우리 농업·농촌의 최대 현안은 천문학적 숫자(1999년 말
현재 약 36조 원)에 달하는 농가부채를 어떻게 할 것인가 하는 점이다.
농가부채는 이미 농민의 상환능력을 넘어선 지 오래고, 농가부채의
직접적 원인이 정부의 농정 실패임을 고려할 때, 농가부채 해결을
위한 정부의 특단의 조치가 필요하다. 그러나 농민의 부채를 경감하
거나 탕감한다고 해서 문제가 해결되는 것은 아니다. 우리는 이처럼
농가부채가 주기적으로 사회적 이슈가 되는 이유를 찾아내고 그
근본적 해결책을 모색하지 않으면 안 된다. 이는 위에서 지적한
그동안의 구조농정의 이념과 추진체제에 대한 철저한 반성에서 출발
해야 한다.

우선 농정 이념의 재정립이 시급하다. 농정은 농업생산성의 향상
이라는 경제적 효율만을 일면적으로 강조하는 생산성(경쟁력) 지상
주의에서 벗어나서, 국민의 생활이나 복지의 관점에서 농업과 농촌
이 지닌 다원적 기능(총체적 가치)의 실현을 추구해야 한다. 편협한

경제효율주의로는 농업과 농촌의 지속성을 확보할 수 없을 뿐 아니라, 오늘날 압도적 다수파를 점하고 있는 도시인의 이해를 구할 수 없다.

다음으로 농민, 농업관련단체, 지방정부, 중앙정부의 역할을 올바르게 정립하여 농정의 민주화를 달성해야 한다. 농업의 주체는 두말할 나위 없이 농민이다. 이 너무도 당연한 사실이 지금까지도 우리 사회에서는 간과되고, 농민은 언제나 농정의 대상인 채 농업 부문에 대한 정부지원은 농민 통제의 수단으로 활용되어 왔다. 농민은 농정의 시혜 대상이 아니라 농정의 결정권을 가져야 한다. 다시 말해 농민의 의사가 충분히 반영되어 농정이 수립되고 집행되는 시스템의 구축이 필요하다. 농업·농촌 문제는 농민과 농촌 주민 스스로의 자각과 주체적 노력이 없는 한 문제 해결의 전망은 없다. 따라서 정부의 가장 중요한 역할은 농민이 주체적 역량을 강화할 수 있도록 도와주는 것이다.

정부의 역할은 중앙정부와 지방정부로 나누어 볼 수 있는데, 중앙정부 농정의 가장 중요한 역할은 한국 농업(농촌)의 장기적 비전하에서 농업(농촌) 활성화의 조건을 마련하는 것이다. 이를 위해서는 농민의 영농의욕을 고취(조장)할 수 있는 정책과 영농애로를 타개해 주는 정책이 필요하다. 영농의욕 고취와 관련해서는 농가소득의 안정을 위한 가격 및 소득 정책을 실시하고, 농민이 존립에 필요한 최소 수준(national minimum) 이상의 복지를 누릴 수 있도록 농촌의 생활 여건을 정비하는 것이다.

영농애로 타개와 관련해서는 농민의 자율성을 저해하는 제도적 장애를 타파하고, 농민의 힘만으로는 어려운 생산 기반 정비나 대형 기계 및 시설(생산 및 유통)의 도입 등을 도와주고, 새로운 농업기술을 개발하여 농민에게 보급하며, 농업 인력을 개발하고 교육하는 것 등이 필요하다. 이 외에도 중앙정부는 농업 생산 및 수요에 관한 통계의 작성, 농산물의 등급화·검사, 시장 및 가격정보 등 서비스를 제공하는 한편, 농지 및 국토·환경보전을 위한 정책 등을 실시한다.

그렇지만 이러한 역할을 중앙정부가 모두 직접 수행할 필요는 없다. 농가소득과 관련된 가격 및 소득 정책이나 여건(제도) 정비 및 기초 서비스 등은 중앙정부가 직접 담당해야 하지만, 그 이외의 것에 대해서는 중앙정부는 커다란 방향 및 틀만을 설정하고 구체적인 사업의 계획이나 집행은 지방정부에 맡겨야 한다.

농업·농촌의 발전을 위해서는 농업관련단체, 특히 농업협동조합의 역할이 중요하다. 그럼에도 협동조합의 통합과정에서 농민의 자율성이 크게 침해되고 정부의 영향력이 더욱 커진 것은 안타까운 일이다. 하루빨리 협동조합법을 재개정하여 협동조합을 그 주인인 농민에게 되돌려주어야 할 것이다.

끝으로 농정개혁은 전체 경제정책의 개혁 위에서 가능하다는 점을 강조하고자 한다. 농업정책은 말할 나위 없이 전체 경제정책의 일부분이다. 전체 경제정책의 방향이 잘못되어 있는데 농업정책의 방향만 올바를 수 없다. 이 점에서 우리는 '국민의 정부'의 경제정책이 점차 신자유주의로 경도되고 있는 현실에 대해서 우려를 표하지 않을 수 없다. 신자유주의 경제관료들은 최근의 한·중 마늘분쟁의 타결과정에서 보듯이 농업을 쉽게 포기한다. 또한 '국민의 정부'는 세계화와 시장논리를 앞세워 한·칠레 자유무역협정 등 개방농정을 가속화하고 있다. 신자유주의의 거센 파도를 어떻게 헤쳐가느냐가 올바른 농정개혁의 관건이다.

(≪농정신문≫ 창간호, 2001.1.12.)

10년 후 농촌사회의 비전

　10년 후 우리 농촌은 어떠한 모습일까. 필자가 1981년부터 장기 관찰하고 있는 충청남도 내 2개 마을의 경우, 지난 20여 년 동안 인구가 1981년 652명에서 1990년 489명, 2002년에는 319명으로 절반 이하로 줄었다. 새로 태어난 아기는 1981~1985년 사이에 52명이었던 것이 1995~2002년에는 겨우 2명에 지나지 않았다. 인구의 약 30%는 65세 이상이고, 전체 세대의 약 절반은 노인 혼자 살거나 노인 부부만 살고 있다. 말 그대로 아이 울음소리가 끊긴 자연 양로원으로 변해가고 있다. 이대로라면 10년 후 두 마을은 인구가 지금보다 절반 이하로 줄고 노인들만 사는 곳이 될 것 같다.

　최근 한 조사에 의하면 농촌 생활에 만족하는 농업인은 10명 중 1명에 지나지 않고, 절반 이상이 불만족스럽게 생각하고 있다. 그리고 5년 전에 비해 농촌 생활수준이 향상되었다고 응답한 농업인은 18%인 반면, 절반은 못해졌다고 응답했다. 더욱 심각한 것은 5년 후의 농촌 생활이 현재보다 살기 나을 것이라고 전망한 농업인은 10명 중 1명에도 미치지 못하고, 3명 중 2명은 현재보다 더 나빠질 것이라고 전망했다. 또한 5년 후 농촌이 도시보다 살기 좋을 것이라는 응답은 거의 없고(0.8%), 도시만큼 살게 될 것이라는 응답

(7.2%)도 매우 적은 반면에, 압도적 다수(82.7%)는 도시보다 살기 어려울 것이라고 응답했다. 한마디로 활력을 잃은 농촌, 희망을 잃은 농업인, 이것이 우울한 우리 농촌의 자화상이다.

그렇다고 우리에게 희망이 없는 것은 아니다. 선진국의 역사적 경험에서 보듯 농업·농촌의 가치와 사회적 역할은 지금보다 분명히 증대하고, 농촌에도 새로운 도약의 기회가 주어질 것이다. 문제는 어떻게 그것을 실현하는가 하는 것이다. 첫째, 농촌은 생활공간으로서 발전해야 한다. 국민 최저한의 관점에서 농촌 주민도 도시인에 못지않은 삶의 질을 누릴 수 있도록 생활 여건을 획기적으로 개선하지 않으면 안 된다. 둘째, 농촌은 경제활동 공간으로서 발전해야 한다. 농촌 지역의 기간산업인 농업의 발전뿐 아니라 농민과 비농민에게 다양한 경제활동 기회가 주어져야 한다. 셋째, 농촌은 환경 및 경관 공간으로서 발전해야 한다. 농촌이 농촌다움을 유지하고 도시와 차별성을 갖기 위해서는 자연 환경 및 경관의 보존뿐 아니라, 야생 동식물보호, 유형·무형의 전통적 문화유산, 지역의 개성이 보존되어야 한다. 넷째, 농촌 지역의 지속적 발전을 위한 주체 역량이 강화되어야 한다. 자신의 운명을 스스로 결정하고 책임질 수 있는 지역의 주체 역량이야말로 농업·농촌 발전의 요체이다.

그런데 이러한 농업·농촌의 비전은 쉽게 달성될 수 있는 것은 아니다. 안타까운 일이지만 오늘날 우리 농업·농촌은 만성적인 고질병에 걸려 있다. 따라서 당장에 효과를 볼 수 있는 뾰족한 방책이 있을 수 없고, 10년, 20년 앞을 내다보면서 올바른 비전과 방향을 제시하고 장기적으로 지속적 노력을 기울이지 않으면 안 된다. 지금까지와 같은 성급한 대증요법적 처방은 오히려 병을 더욱 악화시킬 따름이다. 농정이념과 농정추진체계, 농가소득 안정과 농촌 발전, 농업경쟁력 제고와 농업 구조조정, 농업·농촌 투융자, 농촌 복지, 국민들의 농업·농촌 인식 등에서 근본적 혁신이 필요하다.

("박진도의 농업·농촌 새틀 짜기 ①", ≪농민신문≫, 2004.4.24.)

국가경영전략과 농업·농촌

　최근 정부는 119조 원 투융자 계획에 기초한 농업·농촌 종합대책을 발표하면서 10년 후(2013년)의 우리 농업과 농촌의 희망찬 미래상을 제시하였다. 즉, 농업은 전업농 중심의 지속 가능한 생명산업으로 개편되고, 농업인의 1인당 소득은 도시근로자에 상응하는 수준을 실현할 것이며, 농촌은 농촌다움을 갖춘 도·농 공존의 삶의 공간으로 발전할 것이라고 한다.

　과연 정부가 말하는 대로 10년 뒤에는 농촌과 도시가 더불어 사는 균형발전사회가 될 것인가. 일반 국민들과 농민들의 반응은 긍정적이라 보기 어렵다. 위와 같은 농정 비전은 이미 10여 년 전부터 익히 들어왔기 때문이다. '농업·농촌에 대한 투자는 밑 빠진 독에 물 붓기'라는 식의 노골적인 비판을 서슴지 않는 언론이 적지 않고, 농민들은 한·칠레 자유무역협정 체결과 쌀 재협상을 앞둔 성난 농심을 달래기 위한 미봉책에 지나지 않는다고 폄하한다.

　오늘날 농정에서 가장 심각한 문제는 일반 국민과 농민들의 농정에 대한 불신이다. 그 이유는 그동안 정부가 수많은 농정대책과 농정개혁 방안을 내놓았음에도 불구하고, 농업·농촌의 형편이 나아지기보다는 오히려 나빠졌다고 생각하기 때문이다. 그렇다면 왜 농정은 소기의 성과를 거두지 못한 것일까. 그것은 농정의 탓만으로는 돌릴 수 없다. 그동안의 농정이 많은 노력에도 불구하고 성공할 수 없었던 가장 근본적인 이유는 전체 경제정책의 기본 방향이 농업·농촌의 희생을 전제로 한 성장제일주의 정책이었고, 농정은 그로 인한 모순을 완화하거나 뒤치다꺼리나 하는 역할을 담당해 왔기 때문이다. 즉, 농정은 성장제일주의, 수출 지상주의 경제정책의 하위 정책으로서 종속적 위치에 있었기 때문에 그 한계가 처음부터 명백하였다.

농업·농촌은 개발독재 시대에는 공업화와 도시화의 나머지 부분으로 인식되어 찬밥 신세였고, 1990년대 이후 이른바 개방화, 세계화 시대에는 경제성장의 걸림돌로 인식되어 왔다. 한·칠레 자유무역협정의 국회 비준 과정에서 보여준 보수 언론과 재계, 그리고 정부의 태도는 수출증대와 경제성장을 위해서는 농업·농촌이 희생할 수밖에 없다는 '엉터리 국익론'이 아직도 우리 사회를 지배하고 있음을 여실히 보여주었다. 이런 상황에서는 어떠한 농정도 농민의 신뢰를 얻을 수 없고, 아무리 많은 돈을 농업·농촌에 투자한다 해도 성공하기 어렵다.

경제발전 과정에서 농업 부문의 상대적 비중은 감소하지만, 농업·농촌의 가치와 역할이 줄어드는 것은 아니고 오히려 그만큼 역할이 더 커진다고 할 수 있다. 선진국의 경우 오늘날 농업이 국민총생산에서 차지하는 비중은 1~3%에 지나지 않는다. 그렇지만 안전한 식품의 안정적 공급, 경제적 일자리 제공, 농촌 지역사회의 유지, 국토 및 환경의 보전, 전통 및 문화의 계승 등 농업의 가치는 날로 높게 평가되고 있다. 또한 생활공간, 경제활동 공간, 환경 및 경관 공간,

문화·교육 공간으로서의 농촌의 역할도 나날이 증대하고 있다.

우리나라의 경우 농업의 비중이 급속히 낮아져 2003년에는 국민 총생산의 3.5%로 선진국 수준에 이르렀다. 문제는 선진국과 달리 농업의 비중 감소와 함께 농업·농촌의 가치와 역할도 급속히 붕괴되고 있는 것이다. 선후진국을 통틀어 우리나라처럼 도시집중이 심하고 농촌이 망가진 나라는 없다. 농업·농촌의 붕괴를 막고 새롭게 세우는 일이야말로 가장 중요한 국가적 과제라는 인식을 갖고 국가 경영전략을 수립해야 하고, 그러한 믿음을 농민과 국민들에게 주어야 한다.

("박진도의 농업 · 농촌 새틀 짜기 ②" , ≪농민신문≫, 2004.5.28.)

　　UR 협상 타결 직후 문민정부의 농어촌발전위원회는 「농정개혁의 방향과 과제」라는 보고서에서, "농정을 개혁하기 위해서는 산업화와 도시화 과정에서 사회 전반적으로 농림수산업과 농어촌이 지니는 다양한 공익적 기능을 간과해 왔던 경제주의 또는 능률 지상주의로부터 탈피해야 한다"라고 하고, 농정목표로서 ① 농업의 다양한 공익적 기능의 실현과 식량자급력의 향상, ② 농어민의 복지 수준을 도시민과 대등한 수준으로 향상, ③ 농어촌 지역을 다양한 산업이 입지하고 풍요한 생활공간이 되도록 개발하겠다고 하였다. 이러한 농정목표는 국민의 정부, 참여정부에서도 표현을 달리하면서 계승되고 있다.

　　그러나 이러한 농정 목표는 농정의 중점이 '국제경쟁력 있는 농업 육성'을 위한 농업구조개선에 놓이면서 실현되지 못했다. 농업구조개선정책은 농업경영의 규모화와 생산성의 향상에는 기여하였지만, 농촌문제의 해결에는 도움이 되지 않았다. 생산성 향상에도 불구하고 농가의 실질 소득은 정체하고 도·농 간 소득격차는 확대되고 있다. 그뿐만 아니라 효율제일주의에 기초한 엘리트 농정은 농촌 지역의 쇠퇴, 환경악화, 농산물의 과잉생산, 농가 계층 간 격차 심화 등을 초래하였을 뿐 아니라, 농가를 벗어나기 어려운 부채의 늪에 빠뜨렸다.

생산성 제일주의라는 좁은 이념으로는 국민의 지지를 받기 어렵고, 농업의 국제경쟁력도 높일 수 없다. 각종 여론조사에서 "값이 비싸더라도 수입농산물보다 국산 농산물을 사용하겠다"라는 국민이 70% 이상을 차지하는 이유는 농업·농촌에 대한 국민의 요구가 단순히 값싼 농산물의 공급이 아니라, 안전하고 건강한 식품의 공급, 국토 및 환경보전이라는 공익적 기능의 유지·증진, 아름다운 경관과 전통·문화가 살아있는 풍요한 농촌 등으로 확대되고 있기 때문이다.

농정이념을 효율주의의 좁은 틀을 벗어나 지역주의와 환경주의 이념을 강화하여 농업·농촌의 다원적 기능을 극대화하고 농촌 주민의 삶의 질을 향상하는 방향으로 혁신해야 한다. 농정이념의 혁신과 더불어 농정의 대상과 범위도 확대되어야 한다. 전통적인 농정이 농업생산성의 향상 혹은 농가소득의 증대 등 농업과 농업인을 대상으로 한 것이었다면, 오늘날의 농정은 식품의 안전성과 영양공급, 환경보전과 농촌 지역 진흥 등 소비자를 포함한 일반 국민과 국민경제적 시각도 중시해야 한다.

이를 위해서는 농정의 대상을 부문(sector)에서 지역(territory)으로 전환해야 한다. 그동안의 농정은 농업 근대화, 농촌 공업화, 혹은 농촌 생활환경 및 농촌복지 향상 등 부문 정책이었지, 지역의 관점에 기초한 통합적 농촌정책은 거의 없었다. 더욱이 농업구조개선의 필요성이 강조되면서 농정이 농업정책에 편향됨으로써 농촌정책 혹은 농민정책은 상대적으로 소홀히 다루어졌다. 그러나 오늘날 '농업생산성의 향상＝농업 발전＝농촌 발전'이라는 등식은 성립하지 않는다. 농촌은 더 이상 농업과 농민만의 공간이 아니다. 농정은 농촌이 지니는 다양한 잠재력(potential)을 극대화하고, 농업·지역·환경을 포괄한 통합적 농촌정책으로 전환되어야 한다. 이것은 부문정책의 필요성을 부정하는 것이 아니라 각 부문정책이 지역의 관점에서 통합되어야 한다는 것을 의미한다. 즉, 농업 발전은 농촌 지역발전이라는 통합적 프로그램의 일부로서 자리매김하고, 농촌 지역발전 없이 농업 발전 없다는 인식의 전환이 필요한 것이다.

("박진도의 농업·농촌 새틀 짜기 ③", ≪농민신문≫, 2004.4.24.)

지방분권과 농정추진체계 혁신

　　농정은 서로 개성을 달리하는 개개의 지역을 대상으로 하기 때문
에 정책의 주체는 숙명적으로 지역일 수밖에 없다. 더욱이 가격정책
이나 소득정책 등 전통적인 농업정책으로부터 농정의 대상이 농업구
조의 개선, 환경보전이나 농촌 지역 활성화로 확대되면 될수록 중앙
집권적 농정으로부터 지방분권적 농정으로 전환해야 할 필요성이
증대된다. 그럼에도 우리는 아직도 중앙집권적 설계주의 농정을 벗
어나지 못하고 있다. 그 이유는 무엇일까. 우선 중앙정부의 관료주의
를 탓할 수 있을 것이다. 중앙 관료들은 오랜 통제 행정에 익숙해
있기 때문에 자신의 권한이 약해지는 것을 원치 않을 뿐 아니라,
지방정부나 주민의 자율적 능력을 신뢰하지 않는다. 관료주의보다
더 무서운 것이 정치논리이다. 즉, 중앙농정은 득표라는 정치 논리에
의해 좌지우지되는데, 집권당이 정치적으로 생색을 내기 위해서는
중앙정부가 농정을 직접 챙기지 않으면 안 된다. 이러한 중앙농정은
시혜적 성격을 띠게 되고, 결과에 대해서는 책임지지 않는다.

　　지방분권적 농정 혹은 농정의 분권화는 단순히 중앙정부의 권한
과 재원의 일부를 지방으로 이양하는 것을 의미하는 것은 아니다.
중앙정부와 지방정부, 그리고 관과 민의 역할을 올바르게 정립하고,

그것에 기초하여 국가사무와 지방사무를 재조정하고, 그에 필요한 지방정부의 재정능력을 강화시키는 조치가 필요하다. 이를 위해 우선 현행 국가위임사무를 폐지하고, 국가위임사무 가운데 반드시 국가가 할 필요가 있는 사무는 중앙정부가 직접 집행하고, 부득이 지방 정부에 위탁해야 할 사무는 법정 수탁사무화해야 한다.

그러나 국가 사무와 자치사무의 구분을 명확히 하고 추진 방식을 재정립하는 것은 용이한 일이 아니다. 일반적으로 말하면 농산물가격안정과 소득보장처럼 일정 기준에 따라 전국적으로 적용되는 사무, 식량안보와 농산물수급처럼 국민생활에 직접 관련이 있는 사무, 그리고 국민 최저한의 관점에서 국가가 책임져야 할 생활환경 정비, 복지 및 공공서비스의 인프라는 국가가 직접 담당해야 한다. 이를 위해 필요하다면 기존의 지방행정기관과 특별행정기관의 일부를 통합하여 중앙정부의 지방농정청(가칭)을 설립하는 것이 좋다. 한편 농업개발, 경제활동 다각화, 환경 및 경관보전 등 지역적 성격이 강한 농촌발전정책과 주민 생활과 밀착된 공공서비스는 지방정부가 담당한다. 이 경우 지역발전계획은 그 지역 정부가 주도권을 가지고 수립하되, 국가목표와 지방목표의 충돌을 피하고 계획의 실효성을 높이기 위해 중앙정부와 지방정부 사이에 계약제도를 도입하는 것도 검토할 만하다.

사무 이양에는 반드시 재정 이양이 뒤따라야 한다. 국가보조금은 점차 줄이고 국세 일부의 지방세 이전, 지방채의 자주적 발행권 등 지방의 자주 세원을 확대하며, 국고보조금은 포괄보조금 방식으로 전환하는 등 지방의 재량권을 높일 제도 개혁이 필요하다. 다만 지역 간 재정력의 격차가 크기 때문에 그것을 보전하기 위한 지방교

부세 등 지방재정조정제도를 적극 활용할 필요가 있다.

한편 주민 참가 없는 지방분권화는 중앙권력과 지방권력의 연계, 지방권력과 지방 엘리트의 유착을 통해 오히려 '풀뿌리 보수주의'를 강화할 우려가 있다. 지방공무원과 주민의 자질 향상을 위한 노력이 중요하고, 지자체 행정에 대한 주민 참가(관민분권)를 위해서는 주민 투표나 정보의 공개, 주민 감사, 그리고 행정평가 시스템 등이 도입되어야 한다.

("박진도의 농업 · 농촌 새틀 짜기 ④", ≪농민신문≫, 2004.4.24.)

효율 안정적인 농업경영체 육성

　최근 정부는 '농업·농촌종합대책'을 발표하면서 10년 후인 2013년에 우리 농업을 쌀 전업농 7만 호, 축산 전업농 2만 호 등 전업농 중심의 지속 가능한 생명산업으로 개편하겠다고 발표하였다. 안타깝게도 이런 목표는 UR 타결 후 발표된 1994년의 '농어촌발전대책'에서 이미 제시된 바 있다. 10년 전 전업농 육성 목표가 현 시점에서 다시 고스란히 10년 후의 목표로 바뀐 셈이다.

　가장 역점을 두었던 전업농 육성 사업이 성공하지 못한 이유는 무엇인가. 돈을 더 투자하면 10년 후에는 목표를 달성할 수 있을까. 기대하기 어렵다. 10년 전 필자는 '개별 경영의 규모 확대를 통한 전업농의 배타적 육성'에 대해 다음과 같이 비판한 적이 있다. 첫째, 이 정책은 공업 부문의 구조변혁 논리(분업과 전문화)를 농업 부문에 기계적으로 적용한 것으로, 농촌 지역의 공동체적 구성원리에 맞지 않는다는 점에서 이론적으로 잘못이다. 둘째, 경쟁력 지상주의에 매몰되어 농정이념을 상실하고, 목표가 불분명하며 비현실적이다. 셋째, 설사 그러한 목표가 달성되더라도 농업 발전과 농촌사회의 유지에 바람직하지 않다.

　이러한 비판은 지금도 유효하다. 2013년 쌀 전업농 7만 호(평균

규모 6ha) 육성정책은 2003년 현재 쌀 전업농이 4만 2,000호(평균 규모 3ha)인 점을 감안하면 지나치게 의욕적인 비현실적 목표라고 할 수 있다. 그런데 더욱 심각한 문제는, 경작규모 6ha로는 쌀 전업농이 될 수 없다는 점이다. 2002년 쌀 생산비 조사에 따르면 5ha 이상 미작농가의 1단보당 노동시간은 20시간에 지나지 않는다. 6ha의 경우 연간 1,200시간으로 부부가 쌀농사를 짓는다고 가정하면 한 사람이 일 년에 75일(하루 8시간 기준) 일하는 셈이다. 이 정도 규모로는 도시근로자 가구와 소득 균형을 맞출 수 없다. 쌀농사만 짓는다면 최소한 20ha 이상은 되어야 하는데, 이렇게 되면 보통 농촌 마을에서는 2~3명만 쌀농사를 짓고 나머지 농민은 농업을 떠나야 한다. 따라서 전업농의 배타적 육성 정책은 농촌 지역의 공동화를 가속화시킨다는 점에서 농촌 지역사회의 유지와 다원적 기능의 극대화라는 농정목표와 충돌한다.

식량의 안정적 공급과 농업의 지속적 발전을 위해서는 일정한 국제경쟁력을 갖추고 농업경영만으로 경영과 가계가 유지될 수 있는 '효율적이고 안정적인 농업경영'이 반드시 육성되어야 한다. 이러한 경영이 우리나라 농업의 중추적 역할을 담당해야 한다. 그러나 그러한 경영은 전문화·단작화가 아니라, 우리 농업의 여건을 고려할 때 규모의 경제뿐 아니라 범위의 경제를 동시에 추구하는 복합경영이 바람직하다. 또한 그러한 경영은 개별 경영의 배타적 육성이 아니라 영세소농과 고령 농가를 포함한 지역농업 전체의 발전이라는 관점에서 육성되어야 하고, 지역농업의 조직화를 통해서 지역농업의 리더로서 중심적 역할을 담당해야 한다. 즉, 지역농업의 조직화는 소수의 전업적 상층농의 배타적 육성이 아니라 지역 전 계층의 영농활동 조직화를 통해서 지역의 한정된 인적·물적 자원을 지역 전체의 관점에서 효율적으로 결합·이용함과 동시에, 지역의 자연적·역사적 개성을 바탕으로 지역농업을 재편하는 것이다. 지역농업의 조직화는 농업생산뿐 아니라 마케팅, 가공, 소비의 총체적 체계(total system) 구축에 초점을 맞추어야 한다. 다만 지역농업의 조직화는 개별 경영의 집단화를 추구하는 것이 아니라 개별 경영의 자주성과 창의성을 존중한다는 점에서, 목적과 방식에서 집단농장 혹은 협업경영과는 다르다.

("박진도의 농업·농촌 새틀 짜기 ⑤", ≪농민신문≫, 2004.4.30.)

농업경쟁력 제고와 농가소득 안정

　흔히 우리나라 농업은 규모가 영세하기 때문에 경쟁력이 없다고
한다. 예를 들면, 우리 쌀값이 미국산보다 4배 가까이 비싼 이유는
우리나라 쌀 농가의 평균 경작규모가 1ha도 안 되는데, 미국 쌀
농가의 평균 규모는 120ha나 되기 때문이므로, 농업 구조조정을
통해 규모를 키워 국제경쟁력을 높여야 한다는 것이다. 보수 언론에
서 잘 사용하는 논리이다.

　이러한 논리는 세 가지 점에서 잘못이다. 우선 규모를 국제 수준으
로 키우기도 어렵지만, 규모화한다고 반드시 생산비가 낮아지고 경
쟁력이 높아지는 것도 아니다. 우리나라 쌀값이 비싼 가장 큰 이유는
땅값이 비싸기 때문이다. 비싼 땅이 규모를 늘린다 해서 값이 싸지는
것은 아니다. 실제로 땅값 등을 제외한 경영비는 20% 정도밖에
차이가 나지 않는다. 둘째, 영세농의 존재가 농업생산의 효율화 혹은
규모화에 결정적인 장애요인이 되는 게 아니다. 2000년 현재 0.5ha
미만 쌀 농가의 호수 비중은 44%이지만 경지면적 비중은 13%에
불과하다. 우리 농촌은 세계에 유례없는 너무 급격한 농업 구조조정
때문에 어려움을 겪고 있다는 점에서 오히려 구조조정의 속도를
늦출 필요가 있다. 셋째, 경쟁력의 의미를 너무 좁게 해석하고 있다.

생산비는 경쟁력의 한 요소일 뿐, 오늘날 농산물의 경쟁력은 품질, 안전성, 마케팅에 따라 결정되는 추세이다.

농업경쟁력에 대한 역발상(逆發想)이 필요하다. 우리나라 농산물은 경쟁력이 없는 것이 아니라, '우리 농산물'이기 때문에 경쟁력이 있다. 국가와 지방자치단체, 그리고 소비자가 우리 농산물을 지키기 위해 노력하는 것이야말로 농업경쟁력 제고를 위한 최고의 방안이다. 농산물에 따라서는 생산비 인하, 품질 고급화, 마케팅 등 시장을 통한 노력만으로는 농업경쟁력에 한계가 있는 품목이 적지 않다. 이 경우에 농업경쟁력 제고와 농가소득 안정을 위해서는 국가의 역할이 절대적이다. 필자가 최근 조사한 영국의 한 대농장은 925ha의 경지에 밀, 콩, 유류 종자 등을 경작하면서, 양과 소를 기르는 복합영농을 하고 있다. 2000년 4월 결산에 따르면, 이 농장의 총마진(총수입에서 종자, 비료, 농약 등 가변비용을 뺀 것)은 40만 1,860파운드(약 8억 4,000만 원)인데, 그 가운데 정부 보조금이 19만 3,306파운드로 약 48.1%를 차지한다. 정부의 보조금은 전원관리장려금, 휴경 및 경종 농업소득보상금, 양 생산 소득보상금, 소 생산 소득보상금 등 매우 다양하다. 이 농장은 가변비용과 각종 간접비(overhead costs)를 제외하고 회계상 1만 7,515파운드의 순이익을 얻었지만, 총 마진의 절반이 넘는 정부의 보조금이 없었다면, 이 농장은 연간 약 17만 파운드의 적자를 낸 셈이다.

유럽뿐 아니라 미국의 대농장들도 정부로부터 엄청난 보조금을 받고 있다. 미국의 경우 정부 직접보조가 순 농업소득의 절반을 점하고, 2002년 「농업법」에서는 목표가격제를 두어 시장가격의 변동에 관계없이 농가에게 일정한 소득을 보장하고 있다. 선진국의 농업은 국가에 의한 가격지지 및 소득지지, 재해보상 및 보험제도 등에 의해서 농업경쟁력을 유지하면서 농가소득의 안정을 꾀하고 있다. 정부는 농작물재해보험을 확대하고, 직접지불을 대폭 확충하여 2013년까지 농가소득의 10% 수준으로 끌어올리겠다고 하지만, 선진국에 비하면 턱없이 낮다. 국제경쟁을 이겨내면서 우리 농업이 지속되기 위해서는 직접지불의 전면적 도입과 획기적 증대 등 근본적인 소득안정대책이 마련되지 않으면 안 된다.

("박진도의 농업 · 농촌 새틀 짜기 ⑥", ≪농민신문≫, 2004.5.28.)

농업 · 농촌 투자의 효율성 제고

그동안 정부가 실시해 온 대규모의 농업·농촌 투융자 사업에 대한 평가는 비농업계와 농업계 사이에 크게 엇갈린다. 비농업계에는 엄청난 돈이 들어갔지만 별 효과가 없었다는 '밑 빠진 독에 물 붓기'라는 평가가 우세하다. 반면에 농업계는 정부의 과대포장 생색내기식 발표 때문에 국민들이 농업·농촌 부문에 마치 천문학적 돈이 투자된 것처럼 오해하지만 사실은 그렇지 않고, 적은 투자에도 농업투융자는 생산자와 소비자 모두의 후생 향상에 기여하였다고 주장한다.

과연 어느 쪽 주장이 옳은가. 시시비비를 가리기 위해서는 투융자 사업에 대한 엄정한 평가가 선행되어야 한다. 최근 감사원은 올(2004년) 7월에 1992년부터 지난해까지 투융자된 72조 원 규모의 '농어촌 구조개선사업'에 대한 대규모 특별감사를 실시하겠다고 발표하였다. 감사원은 "72조 원의 국고가 투입되었지만 농어촌 현실은 오히려 침체되어 국민들이 사업의 효과와 투명성에 대해 의심하고 있어, 정부정책에 대한 신뢰를 잃어가고 있기" 때문에 특별감사를 실시한다고 한다.

흔히 우리나라 행정은 기획 편중 혹은 아이디어 중심 행정으로 법률의 제정이나 예산 확보 등에 중점이 놓이는 반면, 정책의 효과를 사전적 혹은 사후적으로 엄정하고 객관적으로 평가하고 그에 기초해서 정책을 수정·개선하려는 노력이 미흡하다는 비판을 받는다. 농림행정도 예외가 아니고, 정치논리에 의해 크게 좌우된다는 점에서 매스컴의 표적이 되기도 한다. 참여정부의 119조 원 투융자계획도 농업·농촌의 청사진이나 구체적인 계획 수립에 앞서 먼저 막대한 투융자계획을 발표하였다는 점, 과거의 투융자계획에 대한 엄정한 평가에 기초해서 수립되지 않았다는 점에서 비판을 면하기 어렵다.

향후 10년간의 119조 원 투융자(보조 89조 원, 융자 30억 원) 계획은 지난해 중앙정부의 농업·농촌 투융자가 약 8조 원이었고 앞으로 국가 전체 예산이 늘어날 것을 감안하면 투융자가 획기적으로 늘어났다고 평가하기 어렵고, 위기에 처한 농업·농촌의 현실을 감안하면 미흡한 감도 있다. 그렇지만 우선 중요한 것은 주어진 예산을 효과적으로 사용하는 것이다. 농업·농촌 부문의 예산이 효과적으로 사용되고 있다는 신뢰를 국민들에게 주지 못하는 한, 예산 증대를 요구한다 해도 설득력을 갖기 어렵다.

농업·농촌 투융자에 대한 국민의 신뢰성을 회복하기 위해서는 정책평가 시스템을 도입해야 한다. 정책평가를 시책 입안 단계의 사전평가, 실시 중의 재평가, 사후평가 등 3단계로 나눈다면, 농정은 어느 단계에서도 충분한 평가가 이루어지지 않고 있다. 정책의 본래 목적 및 목표에 비추어볼 때 그 효과가 달성되었는가 하는 정책의 유효성(effectiveness), 그리고 보다 적은 자원으로 보다 많은 효과를 거두었는가 하는 효율성(efficiency)을 따지지 않고, 농업투융자로 농업생산성과 농가소득이 증대되고 사시사철 싱싱한 농산물을 먹게 되었다는 식의 막연한 평가로는 막대한 농업투융자에 대한 국민적 신뢰를 얻을 수 없다. 지난 10여 년간의 농업·농촌 투융자에도 불구하고 왜 농촌과 도시의 격차가 더 벌어지고, 감당하기 어려운 농가부채가 누적되었는지 등에 대해 엄정한 자기 평가와 반성 없이 수립된 새로운 대책은 성공하기 어렵다. 정부는 정책평가를 통해 국민에 대한 설명책임을 다하고, 농정의 투명성을 확보하며, 정책에 대한 국민의 이해와 공통 인식을 넓힐 필요가 있다.

("박진도의 농업 · 농촌 새틀 짜기 ⑦", ≪농민신문≫, 2004.5.28.)

왜곡된 농업보조금 보도

17일, 국내 대부분의 일간신문들이 "한국 농업보조금 OECD 회원국 최고"라는 충격적인 기사를 내보냈다. 『2002년 OECD 회원국 농업보고서』를 인용한 보도로, 작년 한 해 동안 우리나라는 농업 부문을 지원하기 위해 25조 4,680억 원의 보조금을 투입했고, 이는 국내총생산(GDP)의 4.7%이며 OECD 회원국 중 가장 높은 것으로 나타났다는 것이 그 골자이다.

OECD가 거짓말을 할 리는 없고, 2001년 우리의 농림 부문 예산이 9조 원이 채 안 된다는 사실을 알고 있는데, 도대체 무슨 얘긴가 싶었다. 부랴부랴 OECD 보고서 전문을 구해본 다음에야 우리 언론의 '농업 죽이기' 논조에 다시 한 번 전율을 느끼지 않을 수 없었다. OECD 보고서를 자의로 해석해 사실을 왜곡한 것이다.

OECD는 매년 회원국의 농업에 대한 총지지 측정치(Total Support Estimate: TSE)를 발표하는데, TSE는 크게 두 부분으로 구성된다. 하나는 소비자부담 부분이고, 다른 하나는 납세자부담 부분이다. 소비자부담이란 국내 농산물 값과 국제가격의 차액을 갖고 측정한다. 따라서 국내 농산물 값이 국제가격에 비해 비싸면 비쌀수록 소비자부담은 증가한다.

OECD에 따르면 우리의 농산물 값은 국제가격에 비해 평균 2.85배에 달한다. 그만큼 소비자부담이 큰 것은 사실이지만 소비자가 농업에 보조금을 지불한 것은 아니다. 우리 농업이 자연적 제약으로 인해 생산비가 많이 들고 그 결과 농산물 값이 비싸다는 사실을 말할 따름이다. 마치 우리나라 사람들이 좁은 국토와 비싼 땅값 때문에 땅이 넓은 미국, 유럽 사람보다 훨씬 많은 주거비와 건물 및 상가 임대료 등을 부담하고 있는 것과 같다.

또한 OECD 보고서에 따르면 농업 부문에 대한 우리의 TSE는 국내총생산의 4.7%로 OECD 평균 1.3%와 비교할 때 4배 가까운 수치이며, OECD 회원국 중 가장 높다. 그렇지만 이 수치가 마치 우리가 세계에서 가장 많은 농업보조금을 주는 듯이 보도하는 것은 잘못이다. 이 수치는 다른 조건이 같다면 한 나라 경제에서 농업 부문의 비중이 높을수록, 그리고 GDP가 적을수록 높아진다. 우리는 OECD 국가 가운데서 상대적으로 농업의 비중이 높고 GDP가 적기 때문에 그 수치가 높을 수밖에 없다. 예를 들면 일본의 TSE는 우리의 3배로 세계에서 가장 높지만, GDP에 대한 비율은 1.4%에 지나지 않는다. 물론 우리나라의 TSE 비율도 GDP의 증가에 따라 1986~1988년의 10%에서 2001년 4.7%로 크게 낮아졌다.

OECD 보고서를 잘 읽어보면 우리의 농업정책에 대한 중요한 함의를 찾아낼 수 있다. OECD 전체의 TSE 구성을 보면, 소비자부담이 100이라면 납세자부담(재정부담)은 114로 납세자부담이 더 높다. 이에 반해 우리의 TSE 구성은 소비자부담이 100이라면 납세자부담은 26에 지나지 않는다. OECD 회원국들이 농업지지의 방식을 소비자부담에서 재정부담 방식으로 빠르게 전환하고 있는 반면 우리

는 아직도 소비자부담에 의한 농업지지를 벗어나지 못하고 있는
것이다.

우리나라도 농업지지를 지금처럼 소비자에게 전가하지 않고
OECD의 다른 나라들처럼 정부가 부담하는 방식으로 바꾼다면 농
업보조금은 오히려 늘어나야 할 것이다.

(≪농민신문≫ 특별기고, 2002.6.18.)

농어업·농어촌 특별대책위원회의 역할과 방향

　지난해 11월 카타르 도하에서 열린 WTO 제4차 각료회의의 합의에 의해 뉴라운드(도하 라운드)가 출범하였다. '도하 개발의제'로 명명된 뉴라운드는 농업 분야의 협상 목표를 '시장 접근의 실질적(substantial) 개선, 모든 형태의 수출보조금의 단계적 삭감과 폐지, 무역 왜곡적 국내보조의 실질적 감축'으로 설정하고 있다. 앞으로 구체적 협상과정에서 '실질적 개선과 실질적 감축'이 어느 수준에서 이루어질지는 선언문에서 밝힌 대로 "협상 결과를 예단할 수 없다". 그러나 도하 라운드는 지난번의 우루과이 라운드보다 우리 농업에 훨씬 심각한 영향을 줄 것이 틀림없다.

　뉴라운드의 출범과 맞추어 정부는 지난해 12월 27일에 국회 본회의에서 「농어업·농어촌 특별대책위원회의 설치 및 운영에 관한 법률」을 제정하고, 대통령 직속기구인 농어업·농어촌 특별대책위원회(약칭 농특위)를 발족하기로 하였다. '농특위'는 농어업인단체 및 소비자단체의 대표와 학계·언론계의 전문가, 재경부·농림부·해양수산부·기획예산처 장관, 국무조정실장, 통상교섭본부장 등 30인 이내의 위원으로 구성되는 대통령 자문기구로서, 뉴라운드의 협상 시한인 2004년 말까지 한시적으로 운영된다. 농특위는 "세계무역기구의 새로운 다자간 협상에 대비하여 국민적 합의를 바탕으로 농어업·농어촌 발전을 위한 중장기 정책방향과 그 실천계획을 협의하고……농어업과 농어촌의 발전 및 농어업인의 복지증진에 이바지함을 목적으로 한다"(제1조). 농특위에 대한 농업계의 기대는 매우 크지만, 실제로 농특위가 어떤 역할을 할 수 있을 것인지에 대해 의문을 제기하는 사람도 적지 않다. 일반 국민들 가운데는 "농업·농촌 부문에 대한 투자는 밑 빠진 독에 물 붓기 아니냐", "과거 문민정부 시절 농특위와 비슷한 대통령 자문기구인 농어촌발전위원회를 설치하여 42조 원 투융자사업에 농특세 15조 원까지 57조 원을 투자했는데, 달라진 것이 뭐냐"라는 불신의 목소리의 적지 않다.

새로이 출범하는 농특위는 그동안의 농정실패의 원인을 냉정하게 분석하는 것으로부터 출발해야 할 것이다. 농특위는 우선 정치논리를 배제해야 한다. 그동안 정부가 수많은 농정대책을 내놓았음에도 불구하고 그것들이 성과를 거두지 못하고 실패한 데는 여러 가지 원인이 있지만, 그 가운데서 중요한 것 중 하나가 농정이 정치논리에 의해 좌우되었다는 것이다. 1980년대 이후 정부는 수많은 농정대책을 내놓았지만, 그것들은 장기적 비전과 계획에 의한 농정이라기보다는 그때그때의 심각한 농촌문제에 대한 농민들의 불만을 무마하거나 집권당의 농촌지지 기반 확충을 위한 농민 길들이기, 혹은 환심 사기의 수단으로 이용되었다. 정부는 실현될 수 없는 각종 장밋빛 슬로건을 내걸고(예: 돌아오는 농촌 혹은 돌아오고 싶은 농촌), 대통령의 임기 내에 가시적 성과를 얻기 위해 무리한 투자계획을 세우고 집행하기도 하였다. 이 점에 있어서 벌써부터 행정관료 중심의 농특위

위원 구성을 볼 때 과연 정치논리를 배제할 수 있을 것인가에 대해 의구심을 갖는 목소리가 나오고 있는 현실이 안타깝다. 심지어는 농특위가 대통령선거용 조직이 아닌가 하는 비판의 목소리도 있다.

그동안 정부는 수많은 농정대책을 수립하고 적지 않은 예산을 농업과 농촌에 투자하였다. 그럼에도 식량자급률은 나날이 낮아지고, 도시와 농촌 간의 소득격차는 확대되고, 농가부채는 급증하고, 도시와 농촌의 생활환경 격차는 더욱 벌어지고 그 결과 이농이 급증하면서 농촌 지역의 공동화가 가속화되고 있다. 혹자는 그 원인을 WTO 체제하의 농산물시장 개방이라는 외적 요인 탓으로 돌리지만 이는 타당치 못하다. 그 원인은 외압보다는 그에 대해 잘못 대응한 농정의 실패, 즉 농정이념과 농정 추진체계의 잘못이라는 내적 요인에서 찾지 않으면 안 된다.

1990년대 이후 우리나라의 농업정책은 농산물시장의 전면개방을 전제로 한 경쟁력 지상주의, 즉 국제경쟁력 있는 농업만이 살길이라는 것을 기본이념으로 하고 있다. 그리고 농업구조개선정책은 중앙집권적으로 추진되었다. 중앙정부가 농정의 구체적 내용을 설계하고, 지방정부는 정부의 설계도에 따라 농정을 집행(관리)하며, 농민은 설계도에 따라 정책 지원을 받아서 농사를 짓는다.

경쟁력 지상주의를 이념으로 한 중앙집권적 설계농정의 실패는 처음부터 예견된 것이었다. 정부는 경쟁력 제고를 위해 농업투자의 수익성을 고려하지 않은 채 무조건 농업 경영규모의 확대와 현대화를 지원하였다. 정부 지원은 보조금과 저리로 인해 농민들에게는 엄청난 특혜로 인식되고 정책자금을 둘러싼 경쟁까지 연출되었다. 심지어 농민들은 수익성보다는 보조금이나 저리 융자라는 정부 지원에 현혹되어 무리하게 사업을 벌인 경우도 적지 않았다. 이와 같은 중앙집권적 설계농정은 천문학적 숫자의 농가부채만을 남긴 채 실패로 끝났다. 그리고 농민들은 농가부채는 농정실패의 산물이므로 정부가 탕감 내지 경감해 주어야 한다고 주장하고, 정부는 농민을 달래기 위해 주기적으로 농가부채대책을 수립한다. 결국 중앙집권적 농정은 한편에서는 막대한 예산을 쓰고 다른 한편에서는 농가부채대책이란 부메랑을 얻어맞는 악순환을 되풀이해 오고 있다.

뉴라운드의 출범이라는 엄중한 상황에서 우리 농업과 농촌이 살아남기 위해서는 무엇보다도 발상의 대전환이 필요하다. 따라서 농특위는 농정이념을 새롭게 정립하는 일부터 시작해야 할 것이다. 경쟁력 지상주의 농정은 목표와 수단을 뒤바꾼 것이다. 즉, 농업구조의 개선, 국제경쟁력의 제고 등은 농정 목표를 달성하기 위한 정책수단이지 그 자체가 농정의 이념이나 목표가 될 수 없다. 농정은 농민의 관점에서는 소득 및 복지 수준의 향상, 국민의 관점에서는 농업의 다원적 기능(식량안보, 농촌 지역사회의 유지·발전, 국토 및 환경의 보전, 전통 및 문화의 계승, 인간교육 등)의 극대화를 기본 목표로 하고, 그것의 실현을 위해 농업구조정책과 가격·소득정책, 생산정책, 지역정책 등 다양한 정책수단을 효율적으로 사용하는 것이다. 농민과 일반 국민 사이에서 농민은 농업의 다원적 기능이 발휘될 수 있도록 최선을 다하는 한편, 일반 국민은 농민의 경영안정을 지원하는 일종의 암묵적인 사회계약이 필요하다.

다음으로 농특위는 중앙집권적 농정을 탈피하여 민주적 농정체계, 즉 농민, 농업관련단체, 지방정부, 중앙정부의 역할을 올바르게 정립하는 것이 필요하다. 농업의 주체는 두말할 나위 없이 농민이다.

농민이 농정의 시혜 대상이 아니라 정책의 수립 단계에서부터 집행 과정에 이르기까지 참여하는 농정 시스템을 구축하지 않으면 안 된다. 농업·농촌 문제는 농민과 농촌 주민 스스로의 자각과 주체적 노력이 없는 한 문제 해결의 전망은 없다.

그런데 사실 위와 같은 농정이념의 정립이나 농정 추진체계의 문제점과 그 해결방향은 전혀 새로운 것이 아니다. 이미 문민정부 농어촌발전위원회(농발위)의 「농정개혁의 방향과 과제」와 국민의 정부 농정개혁위원회의 '농업·농촌발전계획'에서도 제시된 바 있다. 예를 들면, 농발위는 "많은 농어촌 지역이 공동(空洞)화됨으로써 지역사회의 유지조차 어려워지고 있고", "농정을 개혁하기 위해서는 산업화와 도시화 과정에서 사회 전반적으로 농림수산업과 농어촌이 지니는 다양한 공익적 기능을 간과해 왔던 경제주의 또는 능률 지상주의로부터 탈피해야 한다"라고 하였다. 또한 농발위는 식량의 안정적 공급 등 식량안보와 농어민의 소득 증대 및 복지향상을 주요한 목표로 설정하였다. 이러한 목표에서는 국민의 정부의 농업·농촌발전계획도 크게 다르지 않다.

그런데 이러한 목표가 달성되지 못한 것은 구체적 농업정책이 이러한 목표와는 상충하는 방향으로 추진되었기 때문이다. 즉, 농정이 경제주의 혹은 능률 지상주의를 탈피하지 못하였고, 국민의 정부에서는 IMF 경제위기와 맞물려 오히려 경쟁력과 효율성이 더욱 강조되는 시장주의로 경도된 것이다. 이러한 시장주의(신자유주의) 농정하에서는 앞에서 제시한 농정개혁의 목표는 달성될 수 없다. 신자유주의 농정은 기본적으로 시장을 중심으로 하면서 보완적으로 시장실패 분야에 한해서 국가 개입을 최소화하는 것을 추구한다.

그런데 농업·농촌의 다원적 기능은 시장에서는 달성될 수 없는 시장 실패의 전형적 범주이고, 농업·농촌의 상대적 낙후 또한 시장실패의 결과이기 때문에, 시장주의를 중심으로 한 신자유주의 농정에서는 농업의 다원적 기능이나 '돌아오는 농촌'은 실현될 수 없다. 또한 정부는 신자유주의 농정에 대한 보완책으로 제시된 시장실패 분야에 대한 정부 개입(예: 직접지불제 등 농가소득 안전망의 구축)조차 소홀히 하였다.

또한 문민정부의 농발위는 농정추진체계를 국제화·지방화라는 시대 변화의 흐름에 맞도록 전면적으로 개편해야 하는데, 그 "개혁의 기본방향은 농정의 수립과 집행에 있어서 중앙집권적이며 획일적이던 종래의 방식을 지방분권적 방식으로 전환하고……농정에 대한 농민의 참여를 높이기 위해……지방정부 또는 생산자(단체)가 농정을 자율적으로 추진하는 방식으로 전환해야 한다"라고 하였다. 국민의 정부는 농정 추진전략으로서 '참여농정', '봉사농정', '현장농정', '지방농정'을 제시하고, "국민을 움직여야 농업이 산다"라는 슬로건을 내세워 소비자의 농정 참여를 강조하였다.

그렇지만 정부는 실제로는 농민을 농정에 참여시키지 않았고, 중앙집권적 농정을 지방분권적 농정으로 전환하지도 않았다. 정부는 말로는 지방농정 혹은 자율농정을 표방하면서도 실제로는 왜 중앙집권적 농정을 벗어나지 못하는 것일까. 우선 중앙정부의 관료주의를 탓할 수 있을 것이다. 관료들은 오랜 통제 행정에 익숙해 있기 때문에 자율농정이라 해서 자신의 권한이 약해지는 것을 원하지 않는다. 그뿐만 아니라 중앙 관료는 지방 관료나 농민의 자율적 능력을 신뢰하지 않는다. 관료주의보다 더 무서운 것이 정치논리이다. 즉, 정치적으로 생색을 내기 위해서는 중앙정부가 농정을 직접 챙기지 않으면 안 된다. 이처럼 중앙농정은 선거라는 정치논리에 의해서 좌지우지되지만, 그 결과에 대해서는 책임지지 않는 속성을 지닌다.

물론 그동안의 농정이 모두 실패한 것은 아니다. 그러면 어떤 정책이 성공하고, 어떤 정책이 실패하는가. 간단히 말하면 농업과 농촌의 현실과 변화 방향에 맞는 것은 성공하고 그렇지 못한 것은 실패할 수밖에 없다. 따라서 농특위는 향후 10년 혹은 20년 이후의 우리 농업과 농촌에 대한 전망과 구상에 기초하여 정책을 입안해야 한다. 2000년 우리나라의 농가인구는 403만 명으로 전체인구의 8.6%이고, 경제활동 인구 가운데 농업인구의 비중은 10.5%, 국내 총생산(GDP)에서 차지하는 농림업의 비중은 4.2%에 지나지 않는다. 이는 1990년 전체인구의 15.5%, 경제활동 인구의 17.1%, 국내 총생산의 7.7%를 차지하였던 것에 비하면 농림업의 비중이 급감한 것을 알 수 있다. 지금까지의 추세로 보나 선진국의 경험으로 보나 향후 10년 이내에 우리 농업의 비중은 지금의 약 절반 수준으로 낮아질 가능성이 높다. 농촌인구의 노령화 추세도 뚜렷했다. 15세 미만 농가인구는 계속 감소하는 반면, 65세 이상 고령층 농가인구의 비중이 5명당 한 명꼴인 21.7%로 5년 전의 16.2%에 비해 5.5%포인트 증가했다.

농가인구의 감소와 노령화는 피할 수 없다고 하지만, 현재와 같은 추세가 진행될 때 2010년 이후의 우리 농업과 농촌, 나아가서 한국 사회의 자화상은 매우 암울하다. 지난 10년간 우리나라의 농촌인구(군부 인구)는 전체인구의 26%에서 20%로 감소하였다. 선진국의 농촌인구가 대체로 25~30%(예: 일본의 군부인구는 약 28%)인 것에 비하면 우리나라의 농촌이 얼마나 피폐하였는가를 알 수 있다. 선진국의 경우 농가인구의 감소는 반드시 농업의 쇠퇴를 의미하지 않는다. 미국의 농가인구는 전체인구의 2.4%이고, 농업인구는 경제활동인구의 2.2%, 농업생산은 국내총생산의 0.9%이지만 세계최대의 농업국이다. 대체로 선진국에서는 농업은 '2% 산업'이다. 그리고 선진국의 농촌 취업자의 대부분은 비농업 부문에 종사한다(예: 미국 농촌의 취업자 가운데 농업 취업자는 7%임). 즉, 선진국의 농촌에서는 농업이 기간산업이지만, 농업뿐 아니라 그에 기초한 가공, 유통, 서비스 부문이 발달하고 있다. 우리 농촌도 장기적으로는 이와 같은 방향으로 가야겠지만, 그 이행과정이 순조롭지는 않을 것이다. '농업의 쇠퇴 → 농가인구의 감소 → 농촌 지역사회의 붕괴'라는 최악의 시나리오가 현실화될 가능성도 높다. 우리나라 농촌은 선진국과 달리 농업에 대한 의존도가 매우 높다. 따라서 우리나라의 농업정책은 농촌사회의 유지·발전이라는 농촌정책의 큰 틀 속에서 다시 짜여야 한다.

향후 10년간 우리나라의 농촌과 농업은 급속한 구조조정을 겪을 것이다. 그 구조조정의 방향은 결국 일반 국민이 우리 농촌과 농업에 대해서 무엇을 원하는가 하는 것에 의해 규정될 것이다. 우선 시장개방이 가속화되면 우리 농업의 식량공급 기능은 전반적으로 저하될 수밖에 없지만, 환경 및 식품 안전성에 대한 국민의 관심이 고조되면서 안전하고 신선한 고품질 국내 농산물에 대한 수요는 꾸준히 증가할 것이다. 농촌은 한편에서는 노령화의 진전과 도시와의 경제적 격차 확대로 활력을 잃겠지만, 다른 한편에서는 농촌이 도시에 대해 지니는 우위성(안전성, 건강성, 쾌적성, 연대성 등)을 적극적으로 평가하는 '활기 있는' 농촌 주민이 꾸준히 증가할 것이고, 이들이 농촌의 주인이 될 것이다. 또한 농촌의 어메니티를 찾아 농촌을 찾는 도시인도 증가할 것이다. 농촌 지역의 발전이란 농촌이 도시처럼 되는 것이 아니라 농촌다움(rurality)을 발전시키는 것이다. 달리 말해 농촌을 국민 전체를 위한 경제활동 및 삶의 공간으로서 어떻게 발전시키느냐가 관건이다.

새로이 출범할 농특위는 뭔가 멋지고 새롭고 참신한 정책을 내놓는 데 연연해서는 안 된다. 그동안 수많은 대책을 수립하였기 때문에 솔직히 새로운 것은 별로 없을 것이다. 그동안의 농정실패의 원인을 냉정하게 분석하고, 정치논리와 관료주의를 배격하고 일반 국민과 농민이 농업과 농촌에 대해서 무엇을 기대하는가, 그리고 적어도 10년 혹은 20년 후에 농업과 농촌이 어떠한 방향으로 변화하는가 혹은 변화해야 하는가를 올바르게 파악하고 그에 맞도록 농정목표와 농정체계, 농정수단을 근본적으로 정비하는 것이 필요하다.

(전국농업기술자협회, ≪농업기술회보≫, 2002년 2월호.)

미덥지 못한 삶의 질 기본계획

최근 '제1차 농림어업인 삶의 질 향상 및 농산어촌지역개발 5개년 기본계획'(이하 '삶의 질 계획')이 확정 발표되었다. '삶의 질 계획'은 기존의 농어촌 구조개선대책이 주로 농어업 경쟁력 강화를 위한 농어업 생산·유통 기반 확충에 치중해 농어촌의 복지·교육·지역개발에는 정책적 관심이 상대적으로 소홀하였다고 인정하고, 향후 5년 간 20조 3,000억 원을 집중 투자해 농어촌을 전체인구의 20%가 거주하는 삶과 휴양, 산업이 조화된 복합 거주 공간으로 발전시키겠다는 의욕적인 비전을 제시하고 있다. 삶의 질 계획은 과연 이러한 의욕적인 비전 혹은 정책목표를 달성할 수 있을 것인가.

20조 중 국비예산 11조 불과

정부는 농가인구의 비중이 현재의 7.5%에서 2009년 4.6%, 2013년 3.4%로 감소하겠지만, 농촌인구의 비중은 20% 수준에서 유지하겠다고 한다. 선진국의 경우 농촌인구의 비중은 20~30% 수준이지만, 농가인구의 비중이 2~3%에 지나지 않는다는 점을 고려하면 우리 정부의 계획도 크게 무리는 없다고 할 수 있다. 그러나 많은 농촌 지역이 이미 초고령화 사회에 진입하였고 농촌인구가 지속적으로 감소하고 있는 현실을 고려할 때, 과연 농촌인구를 20% 수준에서 유지할 수 있을지는 의문이다. 이러한 목표가 달성되기 위해서는 농정뿐 아니라 국정 전반에서 획기적 변화가 없으면 안 될 것이다. 그런데 삶의 질 계획은 정부 재정 지출, 정책의 대상, 정책 추진체계 등에서 과거의 정책을 미세 조정을 하였을 뿐 정책의 근본적인 변화를 가져온 것은 아니다.

2013년까지 20조 3,000억 원을 투자한다고 하지만, 국비는 57%(11조 5,527억 원)에 지나지 않고 지방비가 40%(8조 1,659억 원), 자부담 3%(5,545억 원)이다. 국비는 이미 발표한 119조 원 '농업·농촌종합대책'의 투융자계획(2004~2013년)에서 7조 6,862억 원(67%), 각 부처 중기재정에서 3조 8,665억 원(33%)을 조달한다. 결국 삶의 질 계획은 새로운 것이 아니고, 정부 스스로가 인정하듯이 농림부의 '농업·농촌종합대책' 중 농촌 부문 대책을 구체화한 것이다. 만약 예산의 신규 증액이 없다면 정부예산의 효율성을 제고하기 위해 정책추진체계라도 획기적으로 개선해야 되는데, 그 점에서도 삶의 질 계획은 한계가 있다.

추진체계 부처별 분산 '비효율'

정부는 농산어촌 복지·교육·지역개발 추진체계가 부처별로 분산되어 범정부 차원의 통합조정이 결여되어 있다고 보고, 삶의 질 계획을 통해 기존에 각 부처에서 개별적으로 추진하던 농어촌대책들의 종합·체계적 추진으로 시너지 효과를 제고한다고 하지만, 그러한 효과를 기대하기 어렵다. 삶의 질 계획은 각 부처가 농특세 재원 (2004~2013년까지 20조 원)으로 실시하는 사업들을 모은 것일 뿐, 각 부처의 모든 농촌관련정책을 포괄하고 있지 않다.

뿐만 아니라 삶의 질 계획의 범정부적 추진체계를 책임질 '농림어업인 삶의 질 향상 및 농산어촌지역개발위원회'가 형식적으로 운영되고 있는 현실을 감안할 때, 삶의 질 계획은 부처 간 정책의 통합조정보다는 부처 간 이미 배분된 예산 및 사업의 단순 모음이라는 한계를 벗어날 수 없다.

농촌 주민 전체로 대상 늘려야

끝으로 삶의 질 계획은 그 명칭에서 보듯이 농림어업인을 정책대상으로 하고 있다는 점에서 지역정책으로서의 농촌정책으로는 한계가 명백하다. 실제로 농어촌 복지·교육·지역개발은 농어업인뿐 아니라 농촌 주민 전체의 문제이고, 농촌에서조차 농어업인이 소수로 되어가는 현실을 감안할 때 정책의 대상을 과감하게 농촌 주민 전체로 확대하지 않으면 안 된다. 삶의 질 계획의 이러한 한계가 올해 7월 말까지 수립될 광역시·도 계획 및 시·군 계획에서 어느 정도 극복될 수 있을지 미지수다.

("농업마당", ≪농어민신문≫, 2005.5.18.)

직접지불제의 의의와 한계

　　WTO 체제 이후 각국의 농정 개혁 가운데 가장 주목받는 것이
직접지불제의 도입이다. 미국의 1996년 「농업법」 제정, EU의 1992
년 농정개혁과 Agenda 2000, 일본의 「신농업기본법」 제정 등은
직접지불제와 밀접한 관련을 지니고 있다. 우리나라의 경우 1994년
12월에 국회에서 여야 만장일치로 제정된 「세계무역기구협정 이행
법」의 핵심적 내용(11조 2항)이 농림수산업의 생산자를 보호하기
위해 직접지불제를 강구한다는 것이다. 실제로 우리 정부는 1997년
2월부터 규모화 촉진 직접지불제를 도입하고, 1999년부터 친환경농
업 직접지불제를 환경규제지역 중심으로 시행하고 있으며, 2001년
부터 논 농업 직접지불제를 도입하였다. 그리고 2000년 1월 1일부
터 시행되고 있는 「농업·농촌기본법」 제39조(농업인에 대한 소득지원)
에 기초하여 정부는 직접지불제를 확대 도입할 예정이다.

　　우리나라에서는 직접지불제의 도입이 다른 선진국에 비하면 아직
초보적인 수준에 지나지 않기 때문에 대폭 확대되어야 한다. 그러기
위해서는 직접지불제에 대한 올바른 이해가 선행되어야 한다. 농업
계 일각에서는 직접지불제가 우리나라 농업문제를 해결할 수 있는
요술 방망이 혹은 만병통치약인 것처럼 잘못 인식하는 경우도 있다.

직접지불(direct payment)은 단순히 농민에 대한 보조(지원)방식을 말한다. 즉, 가격지지(보증가격 및 국경보호)나 일반 서비스(예: 연구개발, 인프라 정비 등)와 같은 보조방식(간접지불)에 대비해서, 직접지불은 부족불지불(deficiency payment)처럼 재정부담에 의해 농가에 직접 소득보조를 하는 것이다. 이와 같은 직접지불은 오래전부터 선진국에서 시행하던 것인데, 그것이 UR 이후 특별히 주목을 받게 된 것은 UR 농업협정이 직접지불을 허용대상과 삭감대상으로 구분하고 있기 때문이다. 즉, UR 농업협정으로 각국은 가격지지 등을 통한 보조를 삭감할 수밖에 없게 된 상황에서, UR 농업협정이 허용하는 직접지불을 통해 자국 농업보호를 확대할 수 있지 않을까 하는 기대감 때문이다.

직접지불제를 통한 농정개혁을 주도한 것은 OECD이다. OECD는 UR 협상이 한창 진행 중이던 1990년에 발표한 보고서에서 직접소득지지(direct income support)라는 말을 사용하고, 그것을 '순수한(pure)' 지지와 '경제적 왜곡이 적은(less economically distorting)' 지지로 구분하였다. '순수한' 직접소득지지란 "과거, 현재, 미래의 생산량이나 생산요소에 연계되지 않고 보조금의 사용에 관한 어떠한 규정이나 조건이 제시되지 않으면서 모든 농가나 혹은 특정 농가 집단에 대해서 공공재정자금에 의해서 지불되는 모든 명시적 보조(transfers)"를 말한다. 그런데 '순수한' 직접소득지지를 OECD 국가들에서 실제로 찾아보기는 어렵다. 모든 소득지지는 어느 정도 생산이나 생산요소에 연계되어 있기 때문에 OECD는 실용적인 관점에서 '경제적 왜곡이 적은' 직접소득지지를 인정한다.

OECD의 1990년 보고서는 경제적 왜곡이 적은 직접소득지지지불(direct income support payment)로서 구조조정(structural adjust-ment), 소득안정화(income stabilization), 최저소득지지(minimum income support), 공공재(public goods)에 대한 지불을 예시하였다. 우선 구조조정에 대한 직접지불은 농업 생산요소의 이동성과 적응성을 높이기 위한 프로그램이다. 여기에는 농민에 대한 교육과 훈련, 그리고 재배치를 위한 지불, 쓸모없는 농업자산의 비농업적 이용으로의 전환을 위한 지원, 이농장려금 등이 포함된다. 소득안정화 직접지불은 농업소득의 변동을 줄이고 농가경영의 안정성을 높이기 위한 프로그램이다. 이것은 농업소득 안정화 지불과 재해구제 지불로 나눌 수 있다. 최저소득지지 지불은 농가에 대해 최소소득을 보장하기 위한 프로그램이다. 공공재(환경재)에 대한 직접지불은 농업 부문의 환경보전 기능을 강화하고 동시에 환경파괴를 줄이기 위한 프로그램이다.

이러한 네 가지 범주 이외에 OECD의 1994년 보고서는 보상적 소득지불(compensatory income payment)을 경제적 왜곡이 적은 지불로서 추가하였다. 이는 EC(유럽공동체)가 1992년에 농정개혁 과정에서 보상적 소득지불(가격지지 후퇴에 따른 소득손실을 직접소득지불의 형태로 보상)을 도입하였고, 그것이 UR 농업협정에서 이른바 청색조항의 형태로 삭감대상에서 제외되었기 때문이다.

이처럼 OECD는 가격정책에 결합되어 있는(coupled) 소득보상기능과 수급조정·자원배분 기능을 분리(decoupled)하는 방향으로 농정을 전환하기 위한 수단으로서 직접지불제를 인식하고 있다. 즉, OECD는 농업 부문에 대한 지지의 감축과 시장지향적 농정을 추구하기 위한 수단으로서 직접지불제를 평가하고 있는 것이다. 다만, 현실적 여건을 고려하여 이론적으로는 직접소득지지에 관해서 매우 엄격하게 정의하면서도, 실천적으로는 현실의 농업정책을 인정하는 유연성을 보이고 있는 것이다.

따라서 우리는 직접지불을 논할 때, 반드시 허용대상 직접지불(적어도 경제적 왜곡이 적은 직접소득지지)과 삭감대상 직접지불을 구분해야 한다. 예를 들면, 우리 정부는 쌀과 관련해서 논 농업 직접지불제를 도입하고 있고, 내년부터 쌀 시장 개방에 대비하여 쌀 소득보전 직접지불제를 도입하려고 하는데, 전자는 허용대상 직접지불이지만 후자는 삭감대상 직접지불로 분류하고 있다. 그렇다면 쌀 소득보전 직접지불은 삭감대상 총보조측정치(AMS)에 의해 제약될 수밖에 없는데, 마치 그것이 쌀값 하락에 대한 대안인 것처럼 설명하는 것은 잘못이다.

또한 OECD 국가들이 농업지지방식을 시장왜곡이 큰 가격지지방식에서 시장왜곡효과가 적은 직접지불로 전환하고 있는 것은 사실이지만, 시장가격지지(국경보호와 가격보증)는 여전히 농업지지의 주요 부분을 점하고 있다. 예를 들어 OECD 국가들의 생산자지지 추정치(Producer Subsidy Estimate: PSE)에서 시장가격지지가 차지하는 비중을 보면, 1986~1988년 평균 77%에서 1999~2001년 평균 64%로 감소하였지만 매우 중요한 지위를 점하고 있다. 직접지불은 시장가격지지를 대신하는 것이 보완적 수단에 지나지 않는다.

이와 같은 직접지불제의 의의와 한계를 전제로 하면서 직접지불제의 전면도입에 대비해 검토해야 할 몇 가지 논점을 제시한다.

첫째, 직접지불제의 전면도입을 위한 사회적 여건이 갖추어져 있는가 하는 점이다. 이는 국민들의 농업·농촌관과 밀접한 관련이 있다. 농업계는 농업의 다면적 기능을 앞세워 직접지불제의 확대를 주장한다. 그렇지만 이러한 농업의 다면적 기능을 국민 일반이 널리

인식하고 있지는 못하다. 오히려 생산성·효율성 제일주의가 국민들의 의식을 지배하고 있다. 직접지불제의 전면 확대를 위해서는 그에 상응하는 국민들의 농촌·농업관의 변화를 유도하는 노력이 병행되어야 한다.

둘째, 직접지불제가 농정상에서 지니는 의의를 분명히 해야 한다. 직접지불제의 전면 확대에는 막대한 예산이 소요된다. 따라서 기존의 농정(농업재정지출)에 직불제를 단순히 추가하는 형태로 도입될 수는 없다. 이는 농업 부문에 대한 보조금의 삭감이라는 국제적 흐름에도 맞지 않을 뿐 아니라, 국내에서도 받아들여지기 어려울 것이다. 직접지불제의 전면도입은 농정의 전환, 즉 농가에 대한 지지 방식의 변화라는 관점에서 이루어져야 한다.

셋째, 직접지불제의 도입에 있어서 한국 농업의 상황을 고려해야 한다. 직접지불제의 추상적 논리와는 달리 그 구체적 내용은 각국의 농업생산조건, 구조적 발전 단계 등에 따라 차이를 보인다. 지금 직불제 도입을 중심으로 한 시장지향적 농정개혁을 주도하고 있는 나라들은 OECD 국가 가운데서도 미국이나 EU 등 농산물 수출국이다. 이들은 농산물과잉과 막대한 농업재정 지출로 곤란을 겪고 있는 나라들이다. 이에 반해 우리나라는 식량자급률이 30%에 미치지 못하는 식량수입국이고, 그동안 농업 부문에 대한 국가재정 보조금은 매우 빈약한 수준이었다. 따라서 우리가 직접지불제를 도입한다 하더라도 그 구체적 프로그램은 이들 나라와 달라야 한다.

넷째, 위와 관련된 문제이지만 직접지불제에 대한 UR 규정 및 OECD의 원칙과 실태 등에 대해서 올바른 이해가 필요하다. 많은 학자들은 우리나라의 직접지불제는 UR 농업규정이 허용하는 범위

내에서 도입되어야 한다고 주장한다. 이는 당연한 것이지만, 두 가지 점에서 검토를 필요로 한다. 하나는 앞에서 보았듯이 OECD 농업위원회는 직접지불제를 매우 엄격하게 규정하면서도 현실적으로는 유연성을 보이고, 주요국의 직접지불제의 실태는 WTO 농업협정에 반드시 일치한다고 보기도 어렵다. 예를 들어, 미국의 '생산자율계약'에 의한 직접소득지불은 WTO 농업협정의 '생산중립적 소득보조'에 가장 철저한 것처럼 보이지만, 채소와 과일의 재배를 금지하고, 경지의 비농업적 전용을 금지함으로써 계약 농지가 실질적으로 식량작물의 생산에 사용되도록 하고 있다.

다섯째, 직접지불제를 전면적으로 도입하는 경우 프로그램 상호간의 정합성을 고려해야 한다. 특히 구조정책과의 상충이 많이 거론되지만, 이는 직접지불제의 각 프로그램의 목적, 지불기준, 지불자격, 지불방법, 지불기간, 지불조건, 지불에 따른 규제 등을 명백하게 규정함으로써 해소될 수 있다.

여섯째, 직접지불제의 실시에 필요한 조건이 정비되어야 한다. 직접지불제에는 일반적으로 행정비용이 많이 들고, 농민 간 또는 지역 간 갈등이나 부정(不正)이 발생할 가능성이 있다. 예를 들면, 조건불리지역의 경우 지역 지정의 객관적 기준을 마련하는 것이 매우 어렵기 때문에 지정을 둘러싼 지역 간 갈등이 발생할 수 있다. 또한 직접지불에 대해 일정한 조건을 부과하는 경우, 그 이행을 감시하는 것이 용이하지 않다. 따라서 이러한 문제들을 최소화하기 위해서는 농민의 경제활동과 관련된 각종 정보와 효율적인 관리 시스템을 구축하지 않으면 안 된다.

(농업기반공사, ≪흙사랑 물사랑≫, 2002.9.7.)

새해에는 농민에게도 희망을

　세밑, 한 해를 반성하고 새해 희망을 설계할 때이다. 2004년은 농민에게 참으로 어려운 시련의 해였다. 연초 세 차례에 걸친 대규모 상경 시위에도 불구하고 한·칠레 자유무역협정은 끝내 비준되었고, 한 해 내내 쌀 시장 개방 반대 싸움을 치열하게 전개했지만 쌀 재협상은 농민이 받아들이기 어려운 조건으로 타결되고 말았다. 이에 항의하여 지난 22일부터 농민단체 대표들이 영하 10도를 밑도는 혹한에도 비닐 천막에서 단식농성을 하고 있다. 농성장에서 만난 농민단체 대표들은 춥고 배고픈 것보다 더 참기 어려운 것이 농민의 소리에 귀 기울이지 않는 정부의 무관심과 언론의 차가운 시선이라고 호소한다. 속 모르는 사람은 농민이 떼를 쓰고 있다고 하지만, "이리 죽으나 저리 죽으나 죽기는 마찬가지"라는 한 농부의 외침처럼 많은 농민들은 절망과 분노에 떨고 있다.

　농민의 '가슴에 맺힌 한과 분노'를 달래주고 농민에게 새해의 희망을 노래하게 할 수는 없을까. '쌀 협상 무효와 재협상'을 요구하는 농민의 심정은 충분히 이해할 수 있지만, 냉정하게 보면 설사 재협상을 해서 의무수입 물량을 조금 줄인다고 형편이 별반 달라질 것도 없다. 이제는 쌀 협상에 대한 논란을 수습하고, 앞으로의 대책에 주력할 때다.

우선 정부는 쌀 재협상의 모든 과정을 공개하고 협상이 왜 이렇게 불리하게 타결될 수밖에 없었는지를 설명할 의무가 있다. 쌀 재협상 과정과 결과에 대한 공개 검증에서 정부의 협상 자세 및 전략에 중대한 문제점이 확인되면 향후 DDA 협상 등에서 같은 실패가 되풀이되지 않도록 응분의 책임을 져야 할 것이다. 그리고 쌀 재협상 논란이 마무리되는 가급적 빠른 시일 안에 농민들의 요구처럼 대통령이 직접 농민과 대화에 나서 우리 농업과 농촌에 대한 장기적 비전과 구체적 정책을 제시하여 농민의 아픈 가슴을 어루만져 주고 희망을 심어주어야 할 것이다.

어떻게 하면 우리 농민이 희망을 가질 수 있을까. 우선 정부는 농업·농촌 문제의 해결을 국정의 최우선 과제 혹은 핵심과제로 다루겠다는 의지를 밝혀야 한다. 과거 수많은 농정대책이 소기의 성과를 거두지 못하고 실패한 가장 커다란 이유는 전체 경제정책의 방향이 기본적으로 농업·농촌의 희생을 전제로 한 성장제일주의 정책이었고, 농정은 그로 인한 모순을 완화하거나 뒤치다꺼리하는 몫을 담당했기 때문이다. 농업·농촌의 붕괴를 막고 새롭게 세우는 일이야말로 이 시점에서 가장 중요한 국가적 과제의 하나라는 인식을 갖고 국가 경영전략을 수립한다는 믿음을 농민과 국민에게 주어야 한다. 예를 들어 '국익'의 증대를 위해 개방형 국가를 지향한다면, 그것이 농업·농촌을 희생하는 것이 아니라 증대된 국익의 일부를 농민들도 함께 향유할 수 있는 방안을 제시해야 한다.

한편 정부는 쌀 수입 확대에 따른 피해대책을 시급히 마련해야 하지만, 그것이 지금까지처럼 농민의 불만을 달래기 위한 대증요법적 대책이 아니라, 2010년 혹은 2020년에 우리 농업과 농촌이 어떠한 방향으로 변할 것인가 혹은 변해야 하는가를 전망하면서 올바른 비전과 방향을 제시하고 장기적·지속적으로 노력해야 한다.

여기에는 두 가지 점이 중요하다. 하나는 농정의 틀을 효율주의 농업정책의 좁은 틀을 벗어나 농촌 주민의 삶의 질 향상과 농촌사회의 지속적 발전이란 농촌정책의 큰 틀로 전환하여 다양한 부문정책을 통합하는 것이다. 다른 하나는 우리 농업·농촌의 장래는 자신의 문제를 스스로 결정하고 책임질 수 있는 농촌 주민의 주체적 역량과 참여에 달려있으므로 농촌 주민을 농정의 파트너로 인정하고, 지역의 역량을 강화하기 위해 노력하는 것이다.

지금 우리 농업과 농촌은 어려운 시련을 겪고 있지만, 선진국의 역사적 경험에서 보듯 사회가 발전하면 할수록 농업·농촌의 가치와 사회적 역할은 더욱 커지고, 농촌에도 새로운 도약의 기회가 주어진다. 문제는 우리가 어떻게 희망을 설계하고 실천하는가에 달려있다.

("시평", 《한겨레신문》, 2004.12.30.)

참여정부의 농정 2년

집권 두 돌을 맞아 참여정부의 성적표가 각종 매스컴에서 봇물처럼 쏟아지고 있지만, 농업·농촌정책에 관한 평가는 어디에도 찾아보기 어렵다. 농촌 문제가 주요 언론의 관심권에서 사라진 것은 새삼스러운 일이 아니지만 씁쓸한 기분을 지울 수 없다. 참여정부에 대한 총체적 평가는 입장에 따라 다양하지만 경제 분야의 성적은 평균점수에 미달하는 것 같다. 그 이유가 경기 침체와 양극화로 인해 일반 서민들이 느끼는 체감 경제가 좋지 않기 때문이라면, 농촌 실정에 비추어볼 때 참여정부의 농어촌 분야 정책 평가는 경제 분야 전반보다도 훨씬 좋지 않을 것 같다.

최근의 한 조사 결과를 보면, 농촌 생활에 만족한다는 농민은 10명 중 1명에 지나지 않고, 5년 전에 비해 농촌 생활수준이 약간이라도 나아졌다고 생각하는 농민은 10명 중 1.8명, 5년 후의 농촌 생활이 현재보다 살기 좋을 것이라고 전망한 농민은 10명 중 1명이 안 된다. 농가인구의 급속한 감소와 초고령화, 실질소득의 감소와 농가부채의 급증, 도시와 농촌 간의 소득격차 확대, 농촌 내 불평등의 심화, 농촌의 낙후된 복지 및 교육 여건, 식량자급률의 날개 없는 추락 등 농촌 현실을 고려할 때 당연한 결과라 하겠다.

"활력 잃은 농촌, 희망 잃은 농민." 이것이 우리 농업·농촌의 현주소다. 그러나 이러한 현상을 두고 참여정부 2년의 농정을 평가하는 것은 온당치 못하다. 오늘날의 농업·농촌 문제는 개발독재 이래 지난 40여 년간 농업·농촌을 희생해 온 경제정책의 누적된 산물이지 참여정부 2년의 잘못은 아니다. 그렇지만 참여정부 2년 동안 농업·농촌의 사정이 나아진 것이 없고 오히려 나빠지고 있는 점, 참여정부 농정이 농민들에게 새로운 희망을 안겨주지 못하고 있다는 점에서 역대 정부에 비해 나은 점수를 받기는 어려울 것 같다.

참여정부는 농어업·농어촌 문제의 해결을 국정과제로 설정하고, 지난해에는 10년 동안 119조 원의 투융자 계획을 담은 농업·농촌 대책을 수립하고, 농어촌 삶의 질 향상을 위한 특별법도 마련하였다. 그러나 이러한 강력한 의지와 실천계획에도 불구하고, 10년 후 우리 농업과 농촌이 지금보다 획기적으로 나아질 것이라 믿는 사람은 많지 않다. 그 이유는 참여정부 경제정책의 전체 방향이 여전히 농업·농촌에 대해 불리하게 움직이고 있고, 농정이 10년 혹은 20년 후의 농업·농촌의 장기 전망과 비전에 기초한 청사진에 의해 수립되고 있지 않기 때문이다. 그뿐만 아니라 참여정부 농정 가운데는 해야 할 일을 하지 않거나 해서는 안 될 일을 하거나, 혹은 했지만 잘못한 일이 적지 않다. 예를 들면, 농협 개혁의 핵심사항인 중앙회 신용사업과 경제사업의 분리를 이해 당사자인 농협중앙회에 맡긴 것은 직무유기에 해당하며, 도시인들의 농지소유를 실질적으로 무제한 허용하여 농지투기를 조장하는 「농지법」 개정은 해서는 안 될 일이었고, 잘못된 쌀 협상 전략으로 인해 쌀 관세화 유예를 관철하기 위해 너무 많은 대가를 치렀다. 더욱 안타까운 것은 국회가 제

역할을 못하고 정부의 농정 실패를 거들고 있는 점이다.

참여정부의 남은 3년 농정이 실패로 끝나지 않도록 하기 위해서는 "농업 발전 없이는 선진국이 될 수 없다"라는 출범 당시의 초심으로 돌아가 경제정책과 농정을 전면적으로 재편해야 한다. 농업·농촌을 개방화 시대의 성장의 걸림돌 정도로 인식하는 경제 관료와 재계의 잘못된 농업관을 불식하고, 오늘날 선진사회에서 새롭게 평가되고 있는 농업·농촌의 가치(식량안보, 안전하고 건강한 식품의 안정 공급, 국토 및 환경의 보전, 경관 및 휴양 공간의 제공, 전통 및 문화의 계승, 노동과 생명을 존중하는 인간교육 기회의 제공 등)에 대한 국민적 공감대를 형성하고 그것을 극대화할 수 있는 일정표를 제시해야 한다. 이를 위해서는 농업인뿐 아니라 소비자, 노동자, 재계, 정부 등 각계 각층이 모두 참여하여 농업·농촌의 가치와 위상에 대한 국민 대토론을 대대적으로 전개하고, 그에 기초하여 농정 이념 및 목표, 추진방법을 규정한 새로운 「농업·농촌기본법」을 제정해야 한다.

("시평", ≪한겨레신문≫, 2005.5.24.)

농업 · 농촌의 위기와 상생의 길

  우리나라는 2004년 2월 칠레와 최초로 FTA를 체결하였다. 한·칠레 FTA가 체결되는 과정은 우리 사회에서 농업이 오늘날 어떠한 처지에 놓여있는가를 잘 보여준다. 정부가 칠레를 FTA의 첫 상대로 잡은 것은 다른 나라들과 FTA 체결에 대비해 연습하는 가벼운 마음이었다고 한다. 칠레와는 경제교역 규모도 크지 않고, 지구의 남반부와 북반부에 위치해 기후가 반대라 농업에 대한 영향도 적을 것으로 생각했다. 동시에 칠레는 이미 다른 나라와 FTA를 많이 체결하였기 때문에 FTA에 대한 노하우를 배울 수 있을 것으로 기대했다는 것이 관계자의 설명이었다.

  그런데 막상 논의를 시작해 보니, 우리의 실익은 작고 농업 부문에 대한 피해가 예상보다 크다는 것이 밝혀졌다. 농민들은 한·칠레 FTA의 국회비준을 저지하기 위해 세 차례에 걸쳐 수만 명이 참여하는 대규모 시위를 벌였다. 이 과정에서 농민의 이익과 이른바 국익이 첨예하게 대립하는 양상을 띠게 되면서, 농민과 농업은 개방화, 세계화 시대의 경제성장의 걸림돌로 인식되고 '왕따'를 당하는 결과가 되었다.

  우리나라는 1960년대 이후 수출주도형의 불균형 공업화를 통해 빠른 속도로 성장해 왔다. 이 과정에서 농업은 고전적 경제발전론이 가르치듯이 경제성장을 위한 기여자로서 그 역할을 충실히 해왔다. 공업화에 필요한 값싼 식량을 공급하고, 공산품에 대한 시장을 제공하였다. 무엇보다도 농촌 부문이 공급한 양질의 저임금 노동력은 우리나라 공업화의 최대의 원동력이었다. 공업화를 통한 고도성장 과정에서 우리나라는 세계에서 유례없는 급격한 구조전환을 겪었다. 2003년 현재 우리나라 농업의 비중은 국민총생산의 3.5%, 취업자의 8.5%이고, 전체인구에서 점하는 농가인구의 비중은 7.4%이다. 오늘날 선진국에서 농업이 차지하는 비중이 생산과 취업자에서 1~3%인 것에 비하면, 우리나라에서 농업의 상대적 비중은 앞으로도 지속적으로 하락할 것으로 예상할 수 있다. 경제발전 과정에서 농업의 비중이 감소하는 것은 자연스러운 현상이다(이른바 Petty의 법칙). 문제는 우리나라에서는 농업·농촌 부문이 급격한 구조전환 과정에 제대로 적응하지 못해 농업은 해체되고, 농촌사회가 붕괴하고 있는 것이다.

농업의 위상과 농촌 지역사회의 공동화

한국 경제에서 농업 부문이 차지하는 비중은 2003년 말 현재 국민총생산의 3.5%, 총취업자의 8.5%, 전체인구의 7.4%에 지나지 않는다. 그러나 이것은 전국 평균 수치이고 수도권을 비롯한 광역대도시의 높은 집중도를 반영한 것일 뿐, 농촌을 배후로 한 시·군 지역에서 지니는 농업의 의미는 전혀 다르다. 우리나라 농촌 지역경제의 구성을 보면, 기간산업인 농업을 중심으로 농업 및 농촌 주민

관련 공공서비스, 그리고 도소매·음식숙박업 등으로 되어있다. 거의 대부분의 농촌 지역에서는 제조업을 비롯한 2차산업은 무시할 정도의 비중을 차지하고 있다. 따라서 농촌 지역경제는 한마디로 농업경제의 상황에 따라 좌우된다. 우리나라의 행정통계에서는 흔히 읍·면 인구를 농촌인구, 동 인구를 도시인구로 구분한다. 이 구분에 따르면, 농촌인구의 비중은 1980년 42.7%에서 2002년에 20.5%로 하락하였다. 이것은 농촌 지역의 기간산업인 농업이 상대적으로 쇠퇴하고 있기 때문이다. 그런데 농업이 지역경제에서 의미를 갖는 것은 순수 농촌 지역이라 할 수 있는 읍·면(혹은 군) 지역에서만이 아니다. 행정통계상 동(혹은 시)으로 분류되는 많은 지역에서도 농업은 기간산업의 지위를 차지한다.

하지만 UR 협정 타결 이후 농가경제 상황은 급속히 나빠지고 있다. 1980년대 이후의 실질농업소득의 연평균 변화율을 보면, 1980~1985년에 7.5%, 1985~1990년에 5.6%, 1990~1995년에 4.8%로 점차 낮아지기는 하였지만 플러스 증가율을 유지하였으나, 1995~2000년에는 -4.1%, 2000~2003년에는 -5.5%로 실질농업소득이 오히려 감소하고 있다. 이것은 농업소득률(농업소득/농업조수입)이 1980년 74.9%에서 1995년에 65.4%로 하락하고 2003년에는 44.8%로 급락하고 있는 것과 무관하지 않다. 농업소득에 농외소득을 포함한 실질농가소득도 1995년의 2,780만 원에서 IMF 경제위기를 거치면서 2000년 2,307만 원, 2003년에는 2,002만 원으로 감소하였다. 반면에 실질농가부채는 1995년 1,169만 원에서 2000년 2,021만 원, 2003년에 2,321만 원으로 급증하고 있다.

농가경제의 위기는 도시와의 격차 확대로 심화되고 있다. 도시근로자 가구소득에 대한 농가소득의 상대비를 보면, 1995년의 95.1%에서 2000년에는 80.6%, 2003년에는 76.2%로 낮아졌다. 농가와 도시근로자 가구의 가구구성의 차이를 최소화하기 위해 1ha 이상 농가만 도시근로자 가구와 비교해 보면, 1990년대 중반까지는 실질소득에서 농가가 우위에 있었던 반면, 2000년부터 격차가 발생하여 2003년에는 도시가구소득의 80.4%에 지나지 않는다. 그뿐만 아니라 농촌 내부에서도 소득 불균형이 심화되고 있다. 예를 들어 농가소득 하위 20%의 평균소득에 대한 상위 20%의 배율(倍率)을 보면, 1998년의 7.2배에서 2003년에는 12배로 증가하였다.

이러한 요인들이 복합되어 농촌 지역의 인구는 급속히 감소하고 농촌 지역의 공동화가 진행되고 있다. 예를 들면, 인구 2,000명 미만의 읍·면의 수가 1990년에 30개에서 2000년에 170개로 늘어나고, 2010년에는 470개로 급증할 전망이다. 이처럼 농촌인구가 급감하게 되면 농촌 지역 유지를 위한 최소인구의 부족에 따른 이농의 악순환이 되풀이된다.

21세기, 위협받는 식량안보

공업화와 도시화로 인한 식량 재배면적의 감소와 물 부족, 기상이변 등으로 인해 식량공급은 정체되고 있는 반면에, 인구증가와 소득 향상으로 인한 식량수요는 빠른 속도로 증가하고 있다. 특히 중국의 곡물소비 증가는 국제적 수급 불안정을 증가시키고 있다. 이런 이유로 국제 농업전문가들은 세계적 식량위기의 도래 가능성을 경고하고 있다. 세계 식량위기의 가능성은 식량공급량의 절대적 부족 때문만은 아니다. 농산물 수출은 소수 국가가 장악하고 있을 뿐 아니라, 그것들을 이른바 곡물 메이저가 지배하고 있기 때문이다.

국민들에게 식량을 안정적으로 공급하고, 식량위기와 식량의 무기화에 대응하여 국내에 일정한 식량생산력을 유지하는 것은 농업의 가장 중요한 기능 중의 하나이다. 그러나 우리나라의 경우 식량자급률은 2004년 현재 25.3%에 지나지 않는다. 더욱 심각한 것은 식량자급률이 1985년의 48.4%에서 1995년 29.1%, 2003년 26.9% 등으로 끝없이 낮아지고 있는 것이다. 이는 OECD 국가 중에서 가장 낮은 수준이다. 사정이 이러함에도 우리나라에서는 오늘날 비만을 걱정하고 다이어트에 열중하는 사람들이 늘어나면서 식량안보의 중요성이 잊혀지고 있다.

우리나라의 식량자급률은 앞으로도 더욱 하락하여 식량안보가 심각한 위협에 직면할 전망이다. 우선 그동안 식량자급률을 일정한 수준으로 유지할 수 있었던 것은 쌀이 100% 자급되었기 때문인데, WTO 협상 결과 쌀 의무수입량이 2014년에는 현재의 두 배 수준인 41만 톤으로 증가하게 됨에 따라 쌀의 자급률이 90% 전후 수준으로 낮아질 수밖에 없다. 여기에 WTO의 DDA 협상과 FTA의 진전 등으로 농산물시장 개방 압력은 더욱 거세질 전망이지만, 현재와 같은 국내 농산물의 가격경쟁력 조건하에서 국내 농업생산의 위축은 피할 수 없는 상황이다. 더욱이 농지면적과 경지이용률이 급격히 감소하고, 농업노동력의 고령화 등으로 인해 국내의 농업 생산 기반도 점차 약화되고 있다.

국토 환경의 파괴와 농업의 사회문화 기능의 쇠퇴

농업은 홍수조절 효과, 수자원 함양, 토양유실 방지 및 토양 보전, 대기정화, 수질정화, 산소공급 등 국토 및 환경보전에 기여하는 가치가 매우 크다. 이것을 경제적으로 환산해 보면, 홍수조절 효과 13조 원, 수자원 함양 및 수질정화 4조 원, 대기정화 및 기후순화 5조 원, 토양보전 및 오염원 소화 1조 원, 경관적 가치 1조 원 등 논밭의 환경적 가치는 연간 약 24조 원에 달하는 것으로 평가되고, 이는 농업의 연간 부가가치 생산액과 맞먹는 값이다.

또한 농업은 야생동물들에게 서식지를 제공하여 생물자원을 보호하고 생태계를 보전하는 역할을 수행하며, 유전자원이 상대적으로 열악한 우리의 현실에서 이는 매우 중요한 의미를 지닌다. 예를 들어 논은 141종의 조류와 28종의 포유동물, 24종의 양서류 및 파충류의 서식지이다. 논밭이 수행하고 있는 환경적 기능은 농업생산이 유지될 때 수행된다는 점에서 우리나라 농업생산의 위기는 국토 및 환경 보전 기능의 위기를 의미한다.

그러나 농업은 환경에 대해 부(負)의 효과도 준다. 화학비료와 농약의 과다사용으로 인한 토양의 산성화, 토양 및 수질오염, 자연생태계 파괴 등이 발생하고, 집약적 축산은 가축분뇨 및 오폐수로 인한 수질오염, 악취와 공기오염 등을 가져오며, 논 농업에서 발생하는 메탄가스는 온실효과를 유발하고 있다. 따라서 농업생산을 유지하되, 그것을 환경친화적으로 전환해 나가는 것이 중요한 과제이다.

또한 농업·농촌은 농촌거주자에게는 지역사회의 안정과 균형, 지역정체성의 확립, 농촌문화의 보전, 전통문화의 계승 등을 제공하는 역할을 하고, 도시거주자에 대해서는 보건과 휴양의 공간, 정서적 안정과 기능 회복, 자연과 전통문화의 체험 등을 제공한다. 특히 최근에는 농촌 고유의 생태적·문화적·경제적 가치를 지닌 자연환경, 역사문화, 전통지식과 생산품, 공동체 등 유무형 자원을 기반으로 한 농촌 어메니티의 중요성이 매우 커지고 있다. 특히 농업·농촌은 사람들의 정서함양뿐 아니라 자연과 전통문화의 체험, 생명 및 생태계의 존중, 인간성 회복과 공동체적 의식을 고양시키는 인간교육의 장으로 중요한 역할을 한다.

그러나 우리나라에서는 경제성장 과정에서 근대화와 개발을 앞세워 농업·농촌이 지니는 생태적·문화적 가치를 파괴해 왔으며, 도시 흉내를 낸 농촌개발로 인해 농촌의 어메니티가 훼손되었다.

농업·농촌의 회생과 도농상생의 길

우리나라 국민의 농업·농촌에 대한 감정은 이중적이다. 우선 명절이면 민족 대이동이 일어날 정도로 뿌리 깊은 농촌 연고, 공업화가 농업·농촌의 희생 위에서 이룩되었다는 일종의 보상심리, 도시와 농촌 사이에 존재하는 엄청난 격차구조에 대한 우려 등이 국민들 사이에 농업·농촌에 대한 보호와 지원을 해야 한다는 공감대를 형성하고 있다. 그러나 다른 한편에서는 농업과 농촌은 전근대적인 것이고 그 비중이 빨리 작아질수록 우리 사회가 근대화되는 것이며, 경제성장을 위해서는 농업과 농촌의 희생이 불가피하다는 근대화론 혹은 성장 이데올로기에 사로잡혀 있다.

그러나 이러한 이중적 감정구조는 최근 크게 흔들리고 있다. 대학에서 학생들을 가르치면서 거의 대부분의 학생들이 우리나라 농업과 농촌 문제에 대해서 생각해 본 적이 없다는 사실에 놀란다. 더구나 내가 가르치는 학생들은 농촌 지역을 배후에 둔 지방 국립대학 학생들이란 점에서 절망감조차 느낄 때가 있다. 나아가 국민들 가운데는 "그동안 농업 부문에 엄청난 투자를 했는데 달라진 것이 뭐냐, 우리 농업은 가망이 없는 것 아니냐"라는 불신을 보이는 사람도 적지 않다. 그렇지만 다른 한편으로는 국민들의 삶의 질에 대한 관심이 높아지면서, 농업·농촌에 대한 국민의 요구가 단순히 값싼 농산물의 공급이 아니라 안전하고 건강한 식품의 공급, 국토 및 환경보전이라는 공익적 기능의 유지·증진, 농촌 어메니티와 아름다운 경관, 전통과 문화가 살아있는 풍요한 농촌 등으로 확대되고 있다. 요약하면, 그동안 농업·농촌을 지탱해 온 일종의 농본주의적 정서는 쇠퇴하고, 농업·농촌에 대한 새로운 인식이 희망으로 자리 잡아가고 있는 것이다.

농업·농촌의 회생을 위해서는 국민들의 의식이 바뀌어야 한다. 즉, 농업·농촌이 가지고 있는 다양한 기능 혹은 가치를 올바로 인식해야 한다. 농업에 대한 투자 덕분에 사시사철 신선한 야채와 과일을 먹을 수 있게 되었고, 아스팔트의 삭막한 도시를 벗어나 우리의 정서를 함양할 수 있는 것은 농촌경관이 유지되기 때문이요, 최근 각광을 받는 농촌관광은 도시민을 위한 휴식을 제공하는 것이다. 반면에 농업·농촌의 붕괴는 농민뿐 아니라 국민의 삶의 질을 악화시키고, 농촌 지역뿐 아니라 중소도시의 몰락을 동반하면서 대도시의 인구집중에 따른 교통문제, 환경문제, 주거문제, 실업문제, 교육문제의 고통을 한층 더 가중시킨다. 더 이상 농업·농촌이 망가져 회복

불능 상황에 빠지기 전에 농업·농촌이 지니는 가치를 올바르게 이해하고 그것을 살릴 수 있는 방안을 모색하는 것은, 농민을 위한 것이 아니라 바로 우리 자신을 위한 것이란 인식의 대전환이 필요한 시점이다. 이것은 동시에 우리가 근대화론에 입각한 성장제일주의를 극복하고, 물질 중심의 생활에서 벗어나 삶의 질을 중시하는 인간과 인간의 공생, 인간과 자연의 공생을 지향하는 새로운 공동체 사회로 한 단계 업그레이드하는 길이기도 하다.

(≪프레시안≫, 2005.5.26.)

제7부

보다 나은 한국 사회를 위하여

6월항쟁의 올바른 계승을 위하여

올해는 6월 민주항쟁 13주년이 되는 해이다. 1987년 6월 민주항쟁은 4·19와 5·18 광주민중항쟁과 더불어 해방 후 한국현대사의 한 획을 긋는 기념비적 반독재 민주항쟁의 하나이다. 그러나 6월 민주항쟁은 그 역사적 의의에 비해 그동안 올바른 대접을 받지 못하였고, 세월이 지나면서 점차 역사 속의 하나의 사건으로 잊혀져가는 듯하다. 지난해 6월 민주항쟁 12주년 행사는 세인의 무관심 속에서 각계 610인 시국선언, 시민 달리기 대회, 음악제 등으로 조촐하게 치러졌다. 아직도 6월 10일의 국가기념일 지정이 실현되지 못한 채, 올해 13주년 기념행사도 지난해보다 크게 나아질 것 같지는 않다. 더욱이 6월 12일로 예정되어 있는 남북정상회담에 묻혀버려 기념식조차 제대로 열릴까 우려된다. 내가 진정으로 우려하는 것은 6월 민주항쟁 기념사업이 초라해지는 것이 아니라, 6월 민주항쟁이 민족민주운동에서 지니는 의의와 그 정신이 점차 망각되어가는 것이 아닌가 하는 점이다.

6월 민주항쟁이 제 대접을 못 받는 이유는 우리가 그것을 올바르게 계승하지 못하였기 때문이다. 1987년 6월 민주항쟁은 적어도 전국의 34개 시, 4개 군에서 400만~500만 명이 시위에 참가한 전국적 대중투쟁이었고, 군부독재를 타도하기 위한 반독재 민주화 운동이었다. 그리고 그것을 주도한 세력이 중간계급이나 보수야당이 아니라 바로 민중이었던 민중항쟁이었다. "통장에서 대통령까지 내 손으로"라는 구호에서 상징되듯이 6월 민주항쟁은 군사정권에게 빼앗긴 정치적 주권을 되찾기 위한 운동이었다. 그러나 '호헌 철폐, 독재 타도' 구호에 응축된 민중의 요구는 직선제 개헌을 통한 민간정부의 수립이라는 단순한 것은 아니었다. 거기에는 억눌린 생활상의 고통으로부터의 해방의 욕구가 농축되어 있었고, 한국 사회가 안고 있는 제반 모순을 내 손으로 해결하겠다는 정치적 실천 의지가 넘쳐 있었다. 거기에는 자주·민주·통일의 실현이란 오랜 민족적 숙원이 응집되어 있었다.

그러나 6월 민주항쟁 이후 우리 사회의 전개과정을 보면, 민주주의의 최소요건이라 할 수 있는 국민주권조차 제대로 형성되지 않았다. 이는 지난 4·13 총선에서 총선시민연대가 유권자 혁명 또는 유권자 독립선언을 내세우며 유권자 권리 찾기 운동을 전개한 것에서 단적으로 나타난다. 총선시민연대는 총선 다음 날의 기자회견에서 낙선운동을 다음과 같이 평가했다. "이번 총선을 통하여 그동안 방관자로 머물러왔던 유권자들이 화려하게 정치의 주역으로 등장하였으며 빼앗긴 주권을 회복하였습니다." 이게 무슨 말인가. 6월 민주항쟁이 민중의 정치적 주권을 되찾기 위한 운동이었다면, 도대체 우리는 낙선운동에 이르기까지 지난 13년간 무엇을 하였다는 말인가.

6월 민주항쟁은 군부독재세력으로부터 이른바 6·29 선언의 항복을 얻어내는 성과를 거두었다. 그렇지만 대통령을 내 손으로 뽑게 되었다고 해서 달라진 것은 없었다. 독재자 이승만과 박정희를 내 손으로 뽑았듯이, 우리는 죽 쑤어 개 주듯 노태우 군사정권을 직선을 통해 합법적으로 승인하였다. 중요한 것은 형식적 직선제가 아니라 민중이 정치의 주역이 되는가, 다시 말해 민중을 위한 정치가 실현되는가 하는 점이다. 불행히도 6월 민주항쟁 이후 민중은 정치의 주역에서 관객으로 전락하였다. 이는 김영삼의 '문민정부'에서도, 그리고 김대중의 '국민의 정부'에서도 달라지지 않았다. 김영삼 정부는 90%가 넘는 놀라운 국민적 지지 속에서 출범하였지만, 자신의 아들을 감옥에 보내고 국민에게는 'IMF 경제위기'라는 엄청난 고통만을 안겨주고 끝났다.

50년 만의 여야 정권교체라는 뜨거운 관심 속에 출범한 김대중 정부도, 기대가 컸던 만큼 실망만을 국민들에게 안겨주고 있다. DJP 연합이라는 태생적 한계에도 불구하고 적지 않은 사람은 출범 초기에 김대중 씨의 상대적 개혁성에 기대를 걸었다. 월간 ≪참여사회≫가 지난해 6월에 시민운동가 100인을 대상으로 조사한 바에 의하면 전체의 76%가 출범 당시 김대중 정부의 개혁에 대해 기대하는 편이었다(구체적으로 보면 '크게 기대했다'가 9%, '기대하는 편이었다'가 67%). 그러나 집권 1년 반이 지난 시점에서 시민운동가의 77%는 김대중 정부가 앞으로 개혁을 할 수 있을 것이라고 기대하지 않는다고 답변하였다(구체적으로 보면 '전혀 기대하지 않는다'가 23%, '기대하지 않는 편이다'가 54%). 이러한 조사결과를 토대로 ≪참여사회≫는 "시민운동가들 김대중 정부에 등돌렸다"라고 말하였다. 그 조사로부터 1년이 지난 지금, 김대중 정부에 대한 기대나 지지도는 더욱 하락하였다.

노태우, 김영삼, 김대중 정부를 거치면서 우리 사회에서는 지방자치제가 실시되는 등 이른바 절차적 민주주의에는 일정한 진전이 있었다. 그러나 민중의 정치적 권리는 향상되지 않았고, 정치는 여전히 보수우익 세력만의 잔치판이다. 민중은 정치로부터 점차 멀어지고, 국민들의 광범한 정치불신과 냉소주의에 편승한 보수우익 정치인들은 지역정치에 안주하면서 이른바 정치 지체가 심화되어 왔다. 이러한 정치 지체 속에서는 우리 앞에 산적한 과제들을 해결할 수 없다. 지역주의 타파와 지역 간 불균형의 해소, 재벌 체제의 해체와 민주적 재편, 언론의 민주적 개혁, 반공 이데올로기의 극복과 민족통일의 달성, 정경유착과 부정부패의 근절, 민주적이고 자주적인 정부의 수립, 교육 민주화 등등. 이 숱한 개혁 과제들 가운데 어느 하나도 여야를 막론하고 보수 정치권에 그 해결을 기대할 수 없다. 우리 사회의 구조적 개혁은 온전하게 민중의 몫으로 남아있다. 그렇지만 우리는 정치적으로 조직되지 못한 민중은 일시적으로 정치적 에너지를 폭발시키지만 우리 사회의 민주적 개혁으로는 나아가지 못함을 역사를 통해 잘 보아왔다.

6월 민주항쟁의 주역들은 이번 4·13 총선에서 크게 세 가지 형태로 우리에게 모습을 드러냈다. 이른바 386세대의 정치권 진출 시도, 시민단체의 낙천·낙선운동, 민주노동당의 총선 참여가 그것이다. 이번 총선에서 학생운동가 출신의 386세대를 비롯해 상당수의 개혁적 인사가 정치권 진입에 성공하였다. 그렇지만 그들이 보스 1인 지배 정치체제의 벽을 깨고, '젊은 피'의 역할을 제대로 할 것이라고 기대하는 사람은 많지 않다. "재야 출신의 국회의원들이 보수정치에 동화되고 길들여지는 데는 국회 진입 후 한 달이 채 걸리지 않았다"

라는 어느 야당 당직자의 말을 귀담아들을 필요가 있다. 그렇다고
해서 우리는 이들 젊은 정치인들을 기성 보수정객과 동일시하거나
또 그들의 가능성을 과소평가할 필요는 없다. 다만, 정치가 지금처럼
보수우익만의 잔치판인 한 그들에게 기대할 것은 없다. 시민운동과
민중운동을 통해 민중의 정치적 권리가 향상되고 그들을 견인할
수 있어야 한다.

총선시민연대로 대표되는 시민운동은 이번 총선에서 낙선율 68.6%
(수도권 95.5%)라는 혁혁한 전과를 거두었다. 총선시민연대의 낙천·
낙선운동은 부패한 보수정치권에 대한 광범한 불신에 불을 질러
'바꿔'에 성공하였다. 낙천·낙선운동은 국민의 잠자는 정치의식을
일깨우고 정치의 주도권을 보수정치권으로부터 시민사회로 이전시
키는 계기를 마련했으며, 비록 지역주의의 두터운 벽을 넘지는 못하
였지만 새로운 정치·사회의 가능성을 열었다는 점에서 그 의의는
매우 크다. 최근 ≪참여사회≫의 조사에 의하면 언론(30.4%), 행정
부(22.5%), 국회(19.6%), 재계(11.7%) 다음으로 시민단체(9.7%)가 한
국 사회에서 가장 영향력 있는 집단으로 나타났다. 많은 이들이
21세기를 '시민의 시대'라고 하지만, 시민운동은 이제 '시민은 누구
인가'라는 근본적인 물음으로부터 출발하여 방향정립을 해야 할
것이다. 분명한 것은 신자유주의의 거센 물결에 표류하고 고통 받는
시민의 절대다수는 다름 아닌 민중이라는 사실이다.

민주노총의 강력한 지원 속에서 노동자의 정치세력화라는 열망을
안고 등장한 민주노동당은 원내 진출 좌절이라는 뼈아픈 실패를
경험하였다. 민주노동당이 '최소한 의석 1석 확보'에도 실패한 것은
지역주의의 광풍, 1인 2표 정당명부식 비례대표제 도입의 무산 등

불공정한 선거관계법, 보수언론의 편향적 보도 등 외부적 요인에도 원인이 있지만, 이념과 조직의 편협성 등 민주노동당 자체가 지니는 문제점도 적지 않게 작용하였다. 민주노동당은 21개 선거구에서 평균 13.1%의 득표율을 얻은 것으로 새로운 가능성을 확인하였다고 위안을 삼을 것이 아니라, 노동자 밀집지역의 국회의원 한두 명에 안주하는 군소정당을 넘어서 장기적으로 정권을 다투는 전국적 정당으로 성장하기 위해 원점에서 새로 출발한다는 자세가 필요하다.

6월 민주항쟁을 올바르게 계승하고 자주·민주·통일의 과업을 실현하기 위해서는 민중의 정치세력화를 더 이상 미룰 수 없다. 이를 위해서는 시민운동과 민중운동의 발전, 그리고 연대가 무엇보다 절실히 요구된다. 4·13 총선을 통해 노정된 민중운동 진영과 시민운동 진영 간의 일정한 갈등관계는 발전적 관계형성을 위한 계기가 될 것으로 기대한다. 6월 민주항쟁 이후 민중운동과 시민운동의 연대에 대한 요구는 되풀이되어 왔지만 의미 있는 성과를 거두지 못하였다. 이는 시민운동과 민중운동을 지나치게 구별하는 편향으로부터 비롯되었다. 민중운동과 시민운동이 각각 독자적 운동영역을 갖고 있는 것은 사실이지만, 신자유주의적 세계화의 광풍 속에서 시민과 민중이 따로일 수는 없다. 민중이 빠진 시민운동은 머지않아 현실의 벽에 부딪힐 수밖에 없고, 시민이 빠진 민중운동은 대중적 지지를 확보하기 어렵다. 시민운동과 민중운동은 신자유주의 반대투쟁을 공통의 고리로 하여 구체적 연대사업을 전개해야 할 것이고, 그러한 힘이 모일 때 비로소 의미 있고 힘 있는 진보정당의 건설이 가능할 것이다.

(≪참여사회≫, 2000.5.16.)

고시열풍 유감

　서울대생들의 '밤을 잊은 고시열풍', '법학과목 수강전쟁'을 전하는 일간신문의 기사를 보면서, 우리 사회와 대학의 일그러진 모습을 다시 생각해 본다. 사실 우리 사회의 고시열풍은 어제오늘의 일은 아니다. 나 자신도 대학 진학 때에 부모로부터 법대에 가도록 강한 권유를 받지 않았는가.

　어떤 사람들은 고시열풍의 원인을 우리 사회에 뿌리 깊은 관존민비 전통에서 찾는다. 그러한 측면이 없지는 않지만, 전통적 관념만으로는 오늘의 사회를 설명할 수 없다. 오늘날 대학의 고시열풍은 적어도 나의 대학시절에는 볼 수 없었던 일이다. 당시 우리나라는 고도 경제성장을 구가하고 있었고, 경제학과에는 고시공부를 준비하는 학생은 별로 많지 않았고 대부분 기업에 취직하여 최고경영자로 성장하는 꿈을 키웠다. 그리고 고시공부를 하는 학생들도 행정고시에 합격하여 자신의 전공을 살려 경제부처에서 일하기를 원하였다. 그런데 오늘날 서울대 경제학과 학생의 약 절반이 고시를 준비하고, 그 대부분이 전공과는 관계없는 사법고시를 준비한다고 한다. 사법고시 열풍은 경제학과뿐 아니라 공과대학을 비롯한 자연계 학생들에게도 불고 있다.

자본주의의 꽃은 기업이다. 우리나라의 기업도 그동안의 고도성장 가운데서 비약적으로 발전하였다. 그런데 왜 오늘날의 엘리트 학생들은 기업에 취직하기를 기피할까. 얼마 전에 만난 대학 동창이 나에게 그 해답의 실마리를 주었다.

그는 대학 동기들 가운데서도 가장 빠른 속도로 질주하여 대그룹의 최고중역에 오른 친구이다. 그는 과로로 건강을 해쳐 병원에 입원할 정도로 기업을 위해 최선을 다하였다. 그는 샐러리맨의 꽃이고, 선망의 대상이다. 그런데 내가 만난 그는 토요일 오후 늦은 시간에 정해진 시간도 없이 그룹 총수의 호출을 대기하고 있었다. 총수의 호출 명령을 받고 어색한 웃음을 지으며 황급히 자리를 뜨는 그의 모습을 보며 왠지 쓸쓸한 느낌을 감출 수 없었다.

우리나라의 재벌기업은 재벌 총수가 자기 자본은 거의 없이도 주인으로서 황제처럼 군림하는, 세계에 전무후무한 그릇된 지배구조로 되어있다. 어떤 재벌 총수는 계열회사의 사장을 '머슴'이라고 하였다지 않은가. 어느 젊은이가 기꺼이 머슴의 길을 택하겠는가.

IMF 사태 이후 이른바 시장주의가 우리 사회를 풍미하고 있다. 대학교육도 수요자 중심으로 개혁되어야 한다고 한다. 이른바 대학의 고객만족경영이다. 지금까지의 대학교육이 공급자 중심이었던 것은 부정할 수 없다. 유사한 학과들이 난립하고, 교육 내용도 학생들의 요구와는 동떨어진 점이 적지 않다. 내가 전공하는 경제학의 경우, 학생들은 관심이 많으면서도 수강을 기피한다. 세상이 온통 경제 이야기이니 현실 경제가 어떻게 돌아가는지 어찌 알고 싶지 않겠는가.

　그런데 강의실에서는 학생들이 보기만 해도 경기 든다는 수식과 그래프만 풍성할 뿐, 정작 배우고 싶은 것은 별로 가르치지 않는다. 기업에 있는 친구들을 만나면, 학생들 좀 잘 가르치라고 한다. 학생들이 배운 것이 기업에서 아무런 도움이 되지 않는다는 것이다. 나는 대학은 당장 쓸모 있는 것을 가르치는 전문학원이 아니라고 말하지만, 쉽게 이해하려고 하지 않는다. 그러면서 정작 사원채용은 영어 점수만으로 하니 토익이나 토플 등 영어 특강의 열기는 뜨거운 반면, 학과목 수강은 학점을 따기 위한 수단으로 전락하였다. 기업의 대학 불신과 이해 부족이 대학교육의 비정상을 초래하고 있다.

　그동안 세계경제의 최고 우등생으로 평가되던 일본 경제가 전후 최악의 위기에 직면해 있다. 기업경영사의 권위 모리카와 교수는 그 원인의 하나를 대학의 잘못된 교양교육으로 인한 대기업 전문경영인의 질의 저하에서 찾는다. 즉, 교양은 인간 감성을 풍부하게 하고, 풍부한 감성은 선견지명, 이노베이션, 독창성, 균형감각 등 기업의 의사결정에 필요한 자질을 양성시켜 준다. 그러나 오늘날 일본의 학생들은 학점 따기 쉬운 과목을 선택하고, 하룻밤 시험공부만으로 교양교육을 끝낸다. 교양 부재로 인한 전문경영인의 오만, 윤리감의 상실, 영리제일주의가 일본 경제를 망친다는 것이다.

　수요자 중심의 대학교육 개혁은 반드시 대학교육이 실용성 중심으로 되는 것을 의미하지는 않는다. 잘못된 현실 속에서 무리한 학부제의 시행이 대학을 고시학원이나 취업학원으로 전락시킬까 두렵다. 대학교육의 수요자는 학생, 기업뿐만이 아니라 사회 전체이다. 대학교육의 정상화를 위해서는 대학도 개혁되어야 하지만, 올바른 교양(세계관)과 전문지식을 습득한 학생들이(특히 가장 똑똑한 학생

들이) 최고경영자의 꿈을 키울 수 있도록 재벌기업의 지배구조가
철저하게 개혁되어야 하지 않을까.

(≪교수신문≫, 1998.6.15.)

재벌 불법세습 이제 그만

인터넷에 주목할 만한 사이트(www.stopsamsung.org)가 등장했다. 'Stopsamsung'은 "세금 없는 재벌들의 불법적이고 탈법적인 세습 작태를 근절해 재벌개혁을 완수하는 밑거름이 될 것"이라고 선언하고 있다. Stopsamsung 운동의 직접적 대상은 삼성이지만, 우리나라의 모든 재벌이 그 대상이 된다.

현대·삼성·LG·SK 등 모든 재벌에서 예외 없이 총수의 경영권은 2세나 3세에게 대물림되고 있다. 왜 재벌 총수는 경영권을 전문 경영인에게 맡기지 않고 여론의 지탄을 감수하면서까지 자신의 아들에게 넘겨주려고 하는가. 아들이 가장 유능하다고 믿기 때문인가. 아니다. 재벌 2세들은 왜 현대 '왕자의 난'에서 보듯이 총수 자리를 차지하기 위해 암투를 벌이는가. 단순히 우두머리가 되고 싶어서인가. 아니다. 재벌 총수는 자신의 지분과 상관없이 그룹 전체에 대한 독재 경영권을 행사할 수 있고, 그로부터 엄청난 이익을 챙길 수 있기 때문이다.

삼성의 총수 세습과정은 재벌 총수가 얼마나 좋은 자리이고, 그것이 어떻게 불법적으로 세습되는가를 보여주는 좋은 사례이다. 이건희 회장의 외아들인 이재용 씨는 1995년 말 아버지로부터 증여받은

44억 원을 종자돈으로 3년 만에 세금 한 푼 내지 않고 시가 3조 원이 넘는 계열사의 주식을 보유하게 되었다. 그가 최대 주주인 삼성에버랜드(지분 62.5%)는 삼성의 최대 지주회사인 삼성생명 지분의 20.6%를 보유하고 있다.

이제 이재용 씨는 특별한 상속과정 없이도 언제든지 삼성의 총수로 등극할 수 있는 채비를 갖춘 것이다. 이런 세습과정에서 말할 나위 없이 갖은 변칙·편법·불법 행위가 자행되었는데, 그러한 것이 가능했던 것은 아버지 이건희 씨가 삼성의 독재적 경영권을 장악하고 있는 총수이기 때문이다.

그런데 우리가 주목해야 할 사실은 삼성 전체 계열사를 떡 주무르듯 하는 이건희 회장은 삼성 전체 주식의 0.6%밖에 소유하고 있지 않다는 점이다. 0.6%의 지분으로 그룹 전체를 마치 황제처럼 지배할 수 있는 것이 우리나라의 재벌 총수이다.

사정은 다른 재벌에서도 마찬가지다. 현대 정주영 명예회장은 0.92%, LG 구본무 회장은 0.43%, SK 최태원 회장은 3.13%의 지분으로 그룹 전체를 지배하고 있다.

재벌 총수들이 소수 지분으로 그룹 전체를 지배할 수 있는 것은 계열사 간 출자 등을 이용해 이른바 내부지분율을 절반 정도 확보하고 있기 때문이다. 평균 1% 내외의 지분으로 99%의 지분을 가진 주주의 이익과 권리를 침해하는 불법행위는 사유재산권제도를 뿌리부터 뒤흔드는 것일 뿐 아니라, 종국에는 재벌의 파산과 국가 경제위기를 초래하고, 그 고통을 고스란히 노동자와 국민에게 전가한다는 점에서 더 이상 용인되어서는 안 된다.

이처럼 왜곡된 소유지배구조는 시장의 힘으로는 개혁될 수 없다.

국가권력의 적극적 개입이 필요하다. 그러나 정부는 변죽만 울리는 어설픈 정책으로 재벌 총수의 지배력만 키울 뿐, 불법행위를 하거나 경영에 실패한 재벌 총수의 퇴진과 세습의 금지, 선단식 경영의 해체와 같은 근본적인 재벌개혁에는 엄두도 못 내고 있다.

국세청은 재벌의 탈세를 눈감고, 검찰과 법원은 재벌의 불법적 세습에 대한 시민단체의 고발을 불기소 결정과 재벌 승소 판결로 묵살한다. 친재벌적 판사의 대법관 임명 동의에서 보듯, 정치권은 정경유착의 늪에서 헤어나지 못하고 있다. 재벌문제에 관한 한 민주주의의 기본원리인 삼권분립은 통용되지 않는다. 오로지 삼위일체적 재벌옹호만이 있을 뿐이다.

더욱 안타까운 것은 권력에 대한 파수꾼 역할을 해야 할 언론조차 재벌의 불법·편법 세습에 침묵하고 있는 점이다. 재벌 총수의 부당한 불법 세습을 막고 재벌을 근본적으로 개혁하는 것은 결국 시민사회의 몫이다.

(“아침을 열며”, ≪한국일보≫, 2000.7.27.)

소비자 주권과 국민주권

총선시민연대의 낙천·낙선운동에 의해 촉발된 유권자혁명은 과
연 성공할 것인가, 아니면 지역감정과 돈, 학연, 혈연, 지연 등 구습에
의해 좌절할 것인가. 전적으로 유권자의 선택에 달려있다.

우리가 살고 있는 자본주의 시장경제는 1원 1표의 원리에 의해서
움직인다. 100원을 가진 사람에게는 100원짜리 물건을 살 권리가
주어지고, 1만 원을 가진 사람에게는 1만 원짜리 물건을 살 수 있는
권리가 주어진다. 이것은 소비자가 자기가 소유한 돈만큼 모든 상품
에 대해 투표권을 갖는 것을 의미한다. 그리고 판매자들은 소비자의
투표권을 더 많이 획득하기 위해 서로 경쟁한다. 이러한 교환 또는
경쟁의 과정에서 이른바 소비자 주권이 성립하여, 좋은 물건을 값싸
게 공급할 수 있는 기업만이 살아남는다. 시장의 소비자 주권은
매우 훌륭한 제도임에 틀림없지만, 1원 1표라는 불평등구조를 지니
고 있다.

이러한 불평등구조를 시정하기 위한 장치가 정치다. 그런데 자본
주의 사회의 정치는 불평등 구조를 시정하기보다는 오히려 더욱
악화시킬 가능성도 있다. 일상적인 정치에서 기득권자들은 금력 등
을 이용하여 정치에 막강한 영향력을 행사하는 반면, 일반 국민들은

정치에서 소외된다. 일반 국민들에게는 오로지 4년 또는 5년에 한 번씩 치러지는 선거 때만 정치적 권리가 주어진다. 선거 때는 모든 유권자에게 1인 1표의 평등한 권리가 주어진다. 유권자는 1표를 행사해서 정당 또는 정치인을 선택하고, 정치인들은 유권자로부터 더 많은 표를 얻기 위해 서로 경쟁한다. 이러한 경쟁을 통해 이른바 국민주권이 성립한다. 그런데 우리 사회에서는 국민주권이 제대로 확립되어 있지 못하다. 정치에 대한 국민들의 광범한 불신과 혐오감이 그 단적인 증거이다.

불평등하기는 하지만 소비자 주권이 잘 작동하는 반면에, 평등한 국민주권은 정작 확립되지 못한 이유는 무엇일까. 그것은 소비자가 경제적 투표권(1원)의 가치를 잘 인식하는 반면에, 유권자는 정치적 투표권(1표)의 가치를 잘 알지 못하기 때문이다. 소비자는 투표권(돈)을 매우 신중하고 현명하게 행사한다. 투표권은 공짜로 주어지는 것이 아니라, 자기가 노력해서 번 만큼 주어진다. 그리고 물건을 잘못 사면 그 자신이 직접적인 손해를 본다. 소비자는 마음에 드는 물건이 없으면 소비하지 않고 미래를 위해 돈(투표권)을 저축할 수 있다. 반면에 유권자의 투표권은 자신의 노력과 관계없이 무상으로 동등하게 제공된다. 투표권을 잘못 행사한다고 해서 그 자신이 직접 손해를 보는 것도 아니고, 투표권을 저축할 수도 없다.

그러나 잘못된 투표권의 행사는 결국 유권자인 국민에게 모든 책임이 돌아온다. IMF 경제위기, 근로자들의 유리알 지갑과 재벌들의 탈세 및 불법 상속, 중형 아파트 한 채에 맞먹는 자동차 세금, 뒷걸음치는 재벌개혁, 피폐한 농촌경제, 터무니없이 낮은 사회복지 수준 등 수많은 경제문제의 책임은 잘못된 정치에 있고, 그로 인한 고통을 전담하는 것은 일반 국민이다.

유권자가 주권을 제대로 행사하지 못하는 이유의 하나는, 정치인을 평가할 수 있는 정보가 불충분하기 때문이다. 다행히 이번 16대 총선에서는 과거 어느 선거보다 후보에 대한 정보가 많이 제공되고 있다. 유권자는 어떻게 한 표의 경제적 가치를 극대화할 것인가. 우선 반드시 투표에 참여해야 한다. 개혁적 후보나 도덕성과 전문성을 갖춘 후보를 선택하는 것이 가장 좋지만, 만약 불행하게도 자기 지역구에 그러한 사람이 없다면, 국회의원이 되어서는 안 될 사람을 걸러내는 것도 방법이다. 예를 들어, 총선시민연대가 발표한 낙선대상자, 선관위가 발표한 병역·세금·전과 등에 문제가 있는 후보에게는 절대 투표하지 않는 것이다. 단, 민주화 운동으로 인해 군에 가지 못하였거나 감옥에 간 후보나, 재산이 없어 세금을 내지 못한 후보는 예외로 해야 할 것이다.

("아침을 열며", ≪한국일보≫, 2000.4.10.)

탱크를 녹여 경의선을 깔자

　남북정상회담 이후 남북관계가 빠른 속도로 개선되고 있다. 남북은 바야흐로 냉전 대결구조를 해체하고 공존·공영의 협력 시대로 향한 힘찬 첫걸음을 내딛은 것이다. 그러나 남북이 냉전체제를 청산하고 평화와 통일로 나아가기 위해서는 6·15 공동선언을 계기로 무엇보다도 우리의 의식이 바뀌어야 한다.

　6·15 공동선언 제4항은 '경제협력을 통한 민족경제의 균형적 발전'을 약속하였다. 그런데 남북경협에 대한 인식은 정상회담 이전과 이후에 크게 달라진 것 같지 않다. 흔히들 남북경협의 바람직한 모델이라면 남한의 자본과 기술, 그리고 북한의 노동력과 자원의 결합을 제시한다. 언뜻 들으면 당연한 것 같지만, 그 본질은 무엇인가. 결국 남한 자본이 북한의 값싼 노동력을 착취하고 자원을 약탈하겠다는 것이 아닌가. 저임금을 노린 대북 경협사업은 별 메리트가 없을 뿐 아니라 '민족경제의 균형적 발전'에도 어긋난다. 남북경협은 단기적 이익 추구가 아니라 통일 이후의 민족경제를 생각하는 장기적 비전에 의해서 추진되어야 한다.

　흔히들 남북경협은 한반도의 긴장완화와 평화구축에 기여할 것이라고 한다. 틀린 말은 아니지만 뒤집어 생각하면 긴장완화와 평화구축이야말로 남북 경제 관계의 발전을 위한 전제조건이다. 남북이 과도하게 무장하고 총부리를 겨누고 전쟁을 쉬고 있는 상태에서는 진정한 경제협력은 기대할 수 없다(6·25전쟁은 끝난 것이 아니라 휴전 중이다!). 남북경협이 어려운 북한을 돕고 남북 모두의 경제적 이익을 도모하려는 것이라면 가장 확실한 남북경협은 군비감축이다.

남북은 그동안 냉전 대결체제하에서 과도한 국방비를 부담하여 왔다. 정부의 『국방백서』에 의하면 1997년 북한의 군사비 지출은 48억 달러로 북한의 국내총생산(GDP)의 27%, 총예산의 52%에 달한다. 정부가 발표한 북한의 군사비 지출이 과대평가되었다는 비판을 감안하더라도, 북한 경제가 감당할 수 없는 군사비의 늪에서 헤어나지 못하고 있음을 알 수 있다. 마이너스 경제성장과 식량난으로 고통 받는 북한이 엄청난 군비 지출을 하는 것은 그들의 호전성 때문이 아니다. 북한은 주한미군 및 남한과의 군비 경쟁 열세에서 오는 군사적 불안감을 벗어나기 위해 안간힘을 쓰고 있는 것이다. 1997년에 남한은 북한 군사비의 최소 3배 이상에 해당하는 147억 달러의 군사비를 지출하였다. 북한은 무기의 열세를 만회하기 위해 117만 명의 병력(총인구의 약 5%)을 보유하고 있다. 그럼에도 전문가 들의 연구에 의하면 1980년대 초에 남북한 간 군사력의 우위가 역전되었고, 오늘날 북한의 실질 군사력은 우리 수준에 크게 미치지 못한다. 비록 북한 정도는 아니지만 남한도 GDP의 3%, 정부 예산 의 20%, 약 70만 병력(총인구의 약 1.6%)이라는 엄청난 부담을 안고 있다.

우리는 안보의 중요성을 잘 알고 있다. 그러나 그것은 군비팽창을 통해서 실현되는 것은 아니다. 비록 열세라고 하나 북한은 우리에게 치명적인 타격을 줄 수 있는 군사력을 보유하고 있고, 재래식 군비경쟁에서 밀린 북한은 안보 딜레마를 벗어나기 위해 핵무기 혹은 '가난한 자의 핵무기'라는 화학무기를 개발하고자 하는 유혹을 버리기 어려울 것이다. 남북이 과도하게 무장한 상태에서 전쟁의 위협은 벗어날 수 없다. 긴장완화와 평화체제 구축을 위한 더욱 적극적인 노력이 필요하다.

만약 남북이 휴전협정을 평화협정으로 대체하고 상호 간에 국방비와 병력을 줄이는 군비 감축에 합의한다면 그 이상 더 확실한 남북경협과 긴장완화 방안은 없다. 그렇게만 된다면 북한의 사회간접자본 투자재원 마련을 위해 세계은행 등 국제금융기구에 구걸하지 않고 우리 힘으로 '민족경제의 균형적 발전'을 위한 초석을 마련할 수 있을 것이다. "탱크를 녹여 경의선을 깔자"라는 말이 너무도 절실하게 들린다. 일 년 국방비의 1%만 줄여도 끊어진 경의선을 잇고 시베리아로 달려갈 수 있다.

("아침을 열며", ≪한국일보≫, 2000.7.6.)

신자유주의 극복을 위한 대안정책연대회의의 발족에 즈음하여

오늘 '신자유주의 극복을 위한 대안정책연대회의'(약칭 '대안연대회의')의 발족을 격려해 주시기 위하여 바쁘신 가운데도 이 자리에 참석하여 주신 여러분께 진심으로 감사드립니다.

회의 명칭에서 알 수 있듯이 저희는 신자유주의에 반대하고 그 대안을 모색하기 위해 이러한 모임을 설립합니다. 신자유주의가 무엇인가에 대해서 우리나라에서는 아직 학술적 연구가 불충분하고 전문가 사이에도 반드시 공감대가 형성되어 있지는 않습니다. 그렇지만 최근 생존권을 요구하는 노동자들이나 농민들의 집회에 가면 반드시 단골 메뉴로 등장하는 것이 'DJ 정부의 신자유주의 경제정책을 분쇄하자'는 슬로건입니다.

그런데 재미난 것은 김대중 정부는 스스로 신자유주의 정부인 것을 인정하지 않을 뿐 아니라 다른 사람들이 그렇게 부르는 것에 대해 못마땅하게 생각합니다. 신자유주의를 어떻게 이해하는가는 서로 다르겠지만, 신자유주의를 좋지 않게 생각하는 점에서는 정부와 국민의 견해가 일치하는 것 같습니다.

학계의 연구에 의하면, 신자유주의는 1970년대 초 제1차 석유위기 이후 자본주의가 장기불황에 빠지고 케인스주의적 복지국가가 붕괴된 것을 배경으로 탄생하여, 1970년대 말과 1980년대 초 영국의 대처와 미국의 레이건이 정권을 잡으면서 확립되고, 인터넷을 비롯한 정보통신혁명과 더불어 급속히 전 세계에 확산되어 오늘날 지배적 이데올로기로 성장하였습니다. 신자유주의는 자유화(경제개방), 민영화, 탈규제를 추구하고 국가의 역할을 최소화 내지 철폐하고 시장에 모든 것을 맡길 것을 주장하는 최소주의국가를 이상으로 표방합니다. 이런 관점에서 볼 때, 김대중 정부는 그 정책방향은 신자유주의와 궤를 같이 하지만, 강력한 정부를 표방하는 점에서 자신이 신자유주의 정부가 아니라고 부정할지 모르겠습니다.

저는 오늘 이 자리에서 신자유주의 자체를 논할 생각은 없습니다. 다만, 제가 강조하고 싶은 것은 김대중 정부의 이른바 '신자유주의적 경제정책'으로 노동자와 농민, 그리고 일반 서민들이 생존권을 위협받고 국민경제가 대외종속의 심연 속으로 빠져들고 있다고 우려하는 목소리가 매우 높음에도 불구하고, 이들의 목소리가 "신자유주의 이외에는 대안이 없다"(TINA: There is no alternative)라는 신자유주의자들에 의해 묵살되고 있는 비극적 현실을 지적하고자 하는 것입니다.

저는 모든 사람이 신자유주의에 반대한다고 주장하지는 않겠습니다. 다만, 신자유주의에 반대하는 사람들이 다수 존재함에도 불구하고 그들이 자신의 목소리를 제대로 내지 못하고 있고, 우리 사회가 신자유주의 일변도로 치닫고 있는 현실을 안타까워하는 것입니다. 그리고 저는 우리 사회에 횡행하는 시장 지상주의에 대해서도 우려를 표명하지 않을 수 없습니다. 우리는 시장은 훌륭한 하인이지만 나쁜 주인(good servant but bad master)이기도 하다는 분명한 사실을 망각해서는 안 됩니다. 칼 폴라니의 말처럼 "시장기구에 인류의 운명을 맡길 때 그 결과는 사회의 파괴"로 나타날 수 있습니다. 우리는 시장을 잘 부리고 민주적으로 통제할 수 있는 경제 시스템을 구축해야 합니다.

그동안 적지 않은 사람들이 각자 자신의 영역에서 이론적으로 혹은 실천적으로 신자유주의에 대해서 반대해 왔습니다. 그러나 우리의 분산적이고 산발적인 몸짓은 우리 사회 전체의 흐름을 바꾸기에는 역부족이었음을 통감하였습니다. 오늘 저희가 학계와 시민 사회단체 활동가, 언론계, 금융계 등 모든 영역을 아우르는 전문가들로 대안연대회의를 설립하는 것은 그간의 우리들의 활동에 대한 반성에 기초한 것입니다.

이 사회는 사회의 모든 영역에서 발본적 개혁을 요구받고 있습니다. 그러나 그 개혁의 방향에 대해서는 사회 각 영역으로부터 올라오는 다양한 견해가 공론의 장을 통해 논의되고 수렴되지 못하고, 소수의 정권 담당자, 관료에 의해 일방적으로 결정되고 집행되어 왔습니다. 기업, 정부, 언론 내에서도 다양한 목소리가 분명히 있으나 그것들은 바깥으로 표출되지도 못하고 그 내부에서 묵살되거나, 외부로 표출되는 경우에도 집단 이기주의로 치부되어 왔습니다. 사정이 이러하므로 자신의 견해를 묵살당한 측에서는 극한적인 투쟁으로 맞서는 일이 반복해서 일어나고 있습니다.

정부의 정책은 지난 3년 동안 민주적 합의나 효과적인 검증 절차 없이 신자유주의적인 개혁, 개방정책을 중심으로 질주해 왔습니다. 그 결과는 참담합니다. 국민 대중의 빈곤 심화와 불평등의 확대, 금융종속과 산업 기반 와해, 사회적 통합붕괴, 민주주의의 후퇴,

바로 이런 것이었습니다.

공론화란 무엇입니까? 많은 견해는 사실상 어느 정도 당파적일 수밖에 없습니다. 따라서 하나의 견해는 다른 견해와 함께 공론의 장에서 부딪치고 서로 영향을 주고받으면서 더 높은 공익적 관점에서 수정되고 포섭되어야 합니다. 이러한 과정을 거칠 때만 진정으로 일관성과 합리성이 있으면서 다양한 이해를 온당히 담아낼 수 있을 것입니다. 우리 사회에는 이러한 과정을 위한 공론의 장이 부재한 데서 일방적이고 제대로 검증되지 않은 정책들이 마구 시행되어 왔습니다. 대안연대회의의 필요성은 우선 사회 각 영역에서 실제 존재하지만 묵살되어 온 견해들을 공표하는 데 있다고 봅니다. 그리하여 집권세력과 정부의 정책담당자들을 공론의 장으로 끌어내고자 합니다.

새는 좌우의 날개로 날듯이, 대안연대회의는 당분간 우리 사회가 신자유주의적 기조에 따라 우편향하는 것에 대해 시시비비를 가리고 견제하는 역할을 할 것입니다. 우리는 오늘 선보이는 제1회 정책대안 포럼에서 보듯이 국민 대중의 생활에 직접적인 영향을 미치는 구체적인 사안에 대해 정부의 신자유주의적 처방을 비판하고 우리 나름대로의 대안을 제시할 것입니다. 그러나 우리의 역할은 정부 정책에 대한 비판과 소극적인 대안에 머물지 않을 것입니다. 우리는 보다 거시적이고 장기적인 관점에서 우리 사회의 비전과 그 실현 방안을 모색하기 위해 노력할 것입니다. 다시 말해 우리의 궁극적인 목표는 적극적인 의미에서의 대안 마련과 실천입니다.

대안연대회의가 창립되기까지의 경과를 간단히 보고드리겠습니다. 신자유주의를 극복하고 새로운 정책대안을 개발하는 실천적인 전문가 조직의 필요성이 처음 제기된 것은 참여사회연구소 2000년 하기 수련회에서입니다. 그런데 연구소는 장기적인 과제에 집중하여 급속하게 변화하는 현실, 매일매일 쏟아지는 정부 정책들에 대해 기민하게 대응할 수 없고, 또한 시민단체인 참여연대의 부설 연구소라는 제약 때문에 그 활동에 한계가 있다고 보고 연구소와는 별도의 조직을 만들기로 하였습니다. 다만 연구소가 이러한 조직의 인큐베이터 역할을 할 필요가 있다고 보고, 참여연대의 핵심 연구자들과의 긴밀한 협의하에 연구소의 몇몇 연구위원들이 중심이 되어 대안연대회의를 만들기 위한 작업에 착수하였습니다. 연구소의 연구위원뿐 아니라, 학계와 시민사회단체 활동가들을 준비위원으로 영입하여 본격적 창립 활동에 들어갔고, 수차례의 마라톤 회의의 산고 끝에 오늘과 같은 형태로 창립 발족식을 갖게 되었습니다.

여러분이 보시듯이 오늘 발족하는 대안연대회의는 우리 사회의 일반적인 통념과는 달리 그 지향하는 목표에 비해 매우 소박한 형태로 출범합니다. 우리는 형식을 배격하고 실사구시를 추구하는 우리의 철학에 기초하여 매우 간편한 실무형 조직으로 출발합니다. 지금 우리의 역량은 미약하지만, 우리의 잠재력은 무한하고 폭발적인 힘을 지닌다는 것을 모임을 준비하면서 확인할 수 있었습니다. 우리는 100여 명 정도의 정책위원들로 출발하지만, 우리와 뜻을 같이 하는 사람이 매우 많다는 것을 알고 있습니다. 만약 우리가 단순히 수적인 확대만을 목표로 하였다면 수백 명의 정책위원을 모으는 것은 전혀 어려운 일이 아니었습니다.

우리의 포부는 크고 이상은 높습니다. 그러나 그것에 비하면 우리의 역량은 너무도 미흡합니다. 오늘 우리는 역량이 허용하는 범위

내에서 소박하게 첫발을 내딛지만, 우리가 해야 할 일은 너무도 많습니다. 말할 나위도 없이 우리의 일은 정책위원들뿐 아니라 여러분 모두의 헌신적이고 적극적인 참여 없이는 불가능합니다. 대안연대회의에 대한 여러분의 끝없는 관심과 아낌없는 성원을 간곡하게 부탁드립니다.

끝으로 오늘 대안연대회의의 출범을 위해 지난 수개월 동안 헌신적으로 활동해 온 여러 준비위원 선생님들의 노고에 무한한 감사를 표하는 바입니다. 또한 회의의 취지에 공감하시고 기꺼이 활동에 동참하신 정책위원 여러분과 창립 과정에서 불철주야 몸을 아끼지 않고 수고하여 주신 참여사회연구소 간사들께도 감사드립니다.

('신자유주의극복을 위한 대안연대회의' 발족문, 2001.4.6.)

국가보안법의 종말을 향하여

유신 군사독재를 뒷받침한 것은 경제성장 이데올로기와 반공 이데올로기다. 박정희는 "싸우면서 건설하자"고 하였다. 박정희는 '선성장 후분배'를 외치며 성장을 위해 노동자와 농민 대중에게 허리띠를 졸라맬 것을 강요하였다. 그리고 노동운동, 농민운동, 민주화운동을 탄압하고 국민들의 인권을 유린하였다. 그 유력한 무기가 이승만 독재정권이 일제 「치안유지법」에 기초해서 만든 「국가보안법」과 5·16 쿠데타 직후 제정된 「반공법」이다. 박정희의 후계자 전두환은 광주 민주화 운동을 무력으로 진압한 후 「국가보안법」과 「반공법」을 통합하여 처벌 조항을 신설·강화하는 개악을 단행하고 국민들을 공포정치 속으로 몰아세웠다.

우리 사회는 1987년 민주화 항쟁, 문민정부, 국민의 정부, 참여정부를 거치며 매우 빠른 속도로 민주사회로 이행하고 있지만, 진정한 민주주의사회로의 힘찬 행진을 가로막고 있는 최대 걸림돌이 「국가보안법」이다. 그러나 지난 반세기 동안 우리를 짓눌러왔던 「국가보안법」도 이제 최후의 순간을 맞이하고 있다. 우리는 2004년 세밑 한겨울의 칼바람을 맞으며 국회의사당을 뜨겁게 달구었던 '끝장단식' 투쟁을 영원히 잊지 못할 것이다. 국민 단식 농성단에는 양심적 사회원로들로부터 정의감에 충만한 청소년, 젖먹이를 안고 참여한 젊은 어머니들, 노동자, 농민, 지식인 등 각계각층에서 무려 1,300명이나 참가하였다. 근 한 달에 걸친 삭발과 단식투쟁에도 불구하고 언론과 정계에 포진한 수구·냉전 세력의 저항으로 안타깝게 「국가보안법」은 역사 무덤의 문턱을 넘지 못했다. 「국가보안법」의 폐지를 위한 대회전이 남아있기는 하지만 그것은 시간문제일 뿐이다.

「국가보안법」은 지난 56년간 '사상·양심의 자유', '학문·예술의 자유', '언론·출판의 자유', '집회·결사의 자유' 등 헌법에 보장된 국민의 기본적 권리를 억압하며 수많은 사람들을 탄압하였다. 『한국 사회의 이해』 사건은 학문·사상·표현의 자유를 침해한 대표적 사건이다. 그것도 우리 사회가 민주사회로 이행하고 있다고 믿고 있던 이른바 문민정부 시절에 일어나 우리에게 준 충격이 매우 컸다.

당시 나는 내 서가에 꽂혀있는 『영국경제사』를 떠올리며 쓴웃음을 지었다. 그것은 영국 경제사에 대한 책이 아니고, 대학원 시절 마르크스의 『자본론』을 복사하여 겉포장을 영국경제사라고 한 것이다. 물론 불온서적 소지죄로 「국가보안법」에 걸리지 않기 위해서였다. 『한국 사회의 이해』 사건이 일어난 1994년은 이미 『자본론』이 우리말로 번역되어 시판되던 시기이다. 이 사건은 새삼 우리 지식인 사회로 하여금 학문·사상·표현의 자유의 중요성을 일깨워 주었고, 강력한 공동대응을 촉발하였다. 당시 필자가 상임대표를 맡고 있던 학술단체협의회 소속 16개의 인문·사회과학 분야 학술단체도 담당재판부에 각 분야별로 이 책에 대한 학술적 의견을 제출하였다.

『한국 사회의 이해』 사건은 대법원의 무죄 판결로 11년의 긴

싸움의 대미를 장식하였다. 그동안 갖은 고통을 감내하며 의연하게 싸워온 사건 당사자 교수들과 그 가족들에게 경의를 표한다. 이제 『한국 사회의 이해』 사건은 「국가보안법」의 종말을 재촉하는 데 크게 기여한 사건으로 역사에 기록될 것이며, 이번 무죄 판결은 마지막 가쁜 숨을 몰아쉬고 있는 「국가보안법」의 숨통을 끊는 계기가 될 것이다.

「국가보안법」은 진정한 민주주의의 실현, 일제 잔재와 반민족 친일세력에 대한 과거 청산, 수구냉전과 친미 사대세력의 청산, 남북 화해와 평화 통일, 국민통합과 사회평화의 실현을 위해서 반드시 폐지되어야 한다. 그뿐만 아니라 「국가보안법」의 폐지는 박정희 개발독재 이후 우리 사회를 일관되게 지배하고 있는 성장 이데올로기에서 우리가 벗어나게 하는 데 기여할 것이다.

박정희식 성장제일주의가 폭력에 의해 뒷받침되었다면, 오늘날의 경제성장 이데올로기는 신자유주의 세계화 이론에 의해 정당화되고 있기에 훨씬 강력하다. 초국적 자본과 미국 중심의 신자유주의 세계화 논리로부터 벗어나기 위한 대안 찾기는 우리 사회 진보 진영의 당면한 최대과제이다. 그 하나의 대안을 우리는 진정한 협력관계에 기초한 평화와 번영의 동북아 공동체의 건설에서 찾을 수 있다. 이를 위해서는 경제적 통합을 넘어선 정치적·사회 문화적 통합이 추구되어야 한다.

그러나 최근의 과거사 문제를 둘러싼 동북아의 갈등관계를 볼 때 이는 용이한 의제가 아니다. 그렇지만 우리는 복잡하게 얽힌 동북아문제 해결의 단초를 바로 남북의 평화와 번영을 구현하는 한반도의 통일 과정에서 찾을 수 있다. 「국가보안법」의 폐지는 그

모든 것의 전제이자 출발점이다. 긴 터널을 벗어나 밝은 햇살이
앞을 비추고 있다. 조금만 더 힘을 보태자.

[『한국 사회의 이해와 국가보안법』(발문), 한울, 2005.]

사람이 경쟁력이다

  "더 이상 우리를 자르지 말라", "인간답게 살고 싶다." 최근 노동 자대회의 펼침막에 등장한 비정규직 노동자들의 절규다. 어제는 시골에서 농사짓는 제자가 쌀 시장 개방반대 농민대회에 참가했다가 경찰에 맞아 얼굴이 찢기고 다리가 부러지는 전치 6주의 부상을 입고 병원에 입원했다는 가슴 아픈 소식을 접했다. 내가 타임머신을 타고 1970년대의 개발독재 시대로 되돌아간 것일까. 이것이 정녕 40여 년 동안 경제성장의 신기루를 좇아 앞만 보고 달려온 우리 사회의 자화상이란 말인가.

  안정된 일자리는 인간의 기본적 권리, 곧 인권에 속한다. 우리나라의 실업률은 3%대로 실업자 통계에서 빠진 실망실업자를 고려하더라도 다른 나라에 비해 높은 편은 아니지만, 일자리의 알맹이를 따져보면 고용불안이 매우 심각한 상황이다. 올(2004년) 10월 현재 우리나라 총취업자 가운데 34.2%는 자영업 종사자들인데, 이들 대부분은 일자리가 불안한 영세 서비스업에 종사한다. 우리나라 자영업 종사자의 비율은 다른 선진국에 비하면 적어도 3~4배나 높다. 자영업 종사자의 증가는 임금 근로자의 고용불안과 밀접한 관계가 있다. 전체 취업자의 65.8%에 이르는 임금 근로자 가운데 약 절반이 저임금과 고용불안의 이중고에 시달리는 임시 근로자이거나 일용 근로자들이다. 더욱 심각한 것은 1997년 경제위기를 겪은 후 정규직은 줄고, 비정규직 노동자(임시직＋일용직＋상용직 근로자 중 시간제 근로자)의 비중이 1996년 43.4%에서 2004년에는 55.9%로 12.5%나 가파르게 높아지고 있는 점이다. 기업이 구조조정이란 명분으로 정규직 노동자를 줄이고 비정규직 노동자를 늘린 결과다. 비정규직 노동자의 증가로 표출되는 고용불안은 우리 사회의 양극화를 가중시키고 소비 침체, 경기 침체를 가져오는 주범의 하나로 꼽히고 있다. 이런 외중에 정부가 비정규직의 양산을 초래할 '비정규직 보호법'을 국회에 제출한 것에 대해 노동계뿐 아니라 일반 시민사회 단체가 반발하는 것은 당연하다.

"경영자여, 종업원의 목을 자르려면 할복하라." 듣기에도 섬뜩한 이 말은 전투적 노동자의 외침이 아니다. 세계 최고 기업 도요타 자동차의 오쿠다 히로시 회장이 1999년 10월 ≪문예춘추≫에 기고한 글의 제목이다. 당시 일본은 경제 위기가 심화되면서 '구조조정을 통한 과잉고용의 해소만이 일본 경제와 기업이 살길'이라고 매스컴과 경제평론가들이 목소리를 높이고 있었다. 오쿠다 회장은 '구조조정을 하면 기업의 경쟁력이 올라간다'는 주장은 두 가지 중요한 점을 간과하고 있다고 일축한다. 하나는 모든 경제활동의 중심에 인간이 있다는 인간 존중의 소박한 신념이고, 다른 하나는 장기적 시야에 입각한 경영이다. "노동자의 해고는 그들의 생활 기반을 파괴할 뿐 아니라", "순간적으로는 기업의 수익성을 높일지 모르지만 장기적으로는 오히려 기업의 경쟁력을 해친다", "기업의 경쟁력은 인재에 있고, 장기고용은 기술(지식)의 축적과 충성심의 확보란

점에서 장점이 있으며, 세계에서 가장 임금이 높은 일본이 국제경쟁
에서 살아남기 위해서는 안정된 노사관계의 유지가 절대 필요하다”,
“일본 경제가 거품에 휩싸였다가 장기침체에서 벗어나지 못하는
책임은 경영자에게 있지 종업원에게 있지 않다”, “정말로 부득이해
서 최후의 수단으로 고용에 손을 대야 한다면 경영자 자신도 책임을
지고 사표를 낼 각오를 해야 한다”라고 오쿠다 회장은 말한다. 이러
한 인간 존중의 경영철학이 50여 년 무분규란 ‘도요타 신화’를 낳고,
도요타만의 자랑인 제안제도 ‘가이젠’(개선)을 통해 지난해에만 2조
원의 비용을 절감했으며, 일본 경제의 장기불황 속에서도 도요타
자동차만은 사상 최대의 경영실적을 경신하면서 세계적 기업으로
질주하고 있는 비결이다.

　끝으로, 종업원의 목을 많이 자르면 자를수록 주가가 올라간다고
하고, 주주가치의 극대화를 경영목표로 오도하고, 단기적 이익을
중시하는 시장의 움직임을 마치 ‘신의 의지’인 것처럼 주장하는 무
책임한 매스컴과 경제평론가에게 현혹되지 말라는 오쿠다 회장의
충고를 우리 정부와 기업에 전한다.

(“시평”, ≪한겨레신문≫, 2004.12.2.)

'보통 사람'의 삶을 위한 경제

　　성장이냐 분배냐 하는 해묵은 논쟁에 경제위기 논쟁이 더해지면서 '보통 사람'을 헷갈리게 한다. 성장론자는 경제가 나쁜데 한가롭게 분배 타령이나 할 것이 아니라, 경기 회복을 통해 일자리를 창출하는 것이 급선무라고 주장한다. 체감경기가 IMF 경제위기 때보다 더 나쁘다고 느끼는 서민들의 상당수가 이러한 주장에 공감을 표한다. 반면에 분배론자는 IMF 경제위기 이후 우리 사회의 빈부격차와 불평등이 심각한 수준에 이르렀다고 보고, 조세 개혁 등을 통한 소득 재분배 정책을 조속히 실시할 것을 주장한다. 민주노동당이 주장하는 부유세가 많은 사람의 공감을 얻는 것도 이런 맥락이다.

　　자유주의 경제학자들은 경제성장과 효율성이 장기적으로 사람들의 삶의 질을 향상하는 필요충분조건이라고 믿기 때문에 성장 그 자체를 절대시하는 경향이 있다. 그러나 경제성장이 반드시 '보통 사람'의 삶의 질을 개선하지 않는 것은 이론적으로나 경험적으로나 명백하다. 경제성장에도 불구하고 보통 사람의 생활이 더 나빠진 사례는 개발도상국뿐 아니라 1970년대 초 신자유주의 세계화 이후 미국 등 선진국에서도 쉽게 발견할 수 있다.

　　성장주의자들은 우리나라가 IMF 경제위기 이후 1인당 국민소득이 8년째 1만 달러 수준을 벗어나지 못하는 것을 안타까워하며, 일본과 같은 장기불황에 빠질 것을 우려한다. 그러나 우리 경제는 IMF 경제위기 이후 과거의 고도성장만은 못하지만 일본과 달리 꽤 높은 성장률을 실현해 왔다. 1996~2003년에 국내총생산(GDP)은 1.6배 성장하였고, 외환위기 이전 환율로 계산하면 2003년의 1인당 국민소득은 1만 8,000달러를 넘어서서 2만 달러에 육박한다. 그동안 성장을 안 한 것이 아니라, 성장에도 불구하고 보통 사람의 삶이 더 나빠지고 있는 게 문제다.

성장은 하지만 일자리가 창출되지 않고, 경제성장의 대가로 농민들이 빚더미에 허덕이고 농촌이 피폐화되고, 노동자의 절반 이상이 비정규직으로 저임금에 고용불안을 느끼고, 경제활동 인구 여섯 명 중 한 명이 신용불량자로 정상적 경제활동을 할 수 없고, 실질임금의 상승은 생산성 상승에 미치지 못하고, 소득 불평등이 심화되고 빈곤층이 급격히 늘어나고 있다. 수십조 원의 대기업 현금자산과 시중에 넘치는 수백조 원의 유동자금은 부동산가격의 상승으로 보통 사람의 고통만 가중시킨다.

한편 그동안 우리 경제의 성장을 견인해 온 국내투자는 IMF 경제위기 이후 급속히 냉각되어 회복 기미를 보이지 않고 있다. 이것은 정부정책이 반기업적이고 노동자 편이어서가 아니라, 외환위기 이후 한국 경제 개혁의 해결사로 영입한 외국자본이 우리나라의 주식시장과 은행권을 지배하고 있는 현실과 밀접한 관계가 있다. 즉, 주주의 단기이익 극대화를 추구하는 외국자본이 우리 경제를 좌지우지하게 되면서 기업투자와 기업금융이 크게 위축되고 있다.

중요한 것은 성장 그 자체가 아니라 성장이 어떻게 이루어지고 그 과실이 누구에게 귀속되느냐이다. 급속한 대외개방과 자유화, 무리한 구조조정과 노동시장의 양적 유연화, 공기업과 은행의 민영화 등 성장의 과실이 외국자본과 우량 수출 대기업의 주주 및 경영자 등에게만 돌아가는 지금과 같은 경제운용 방식으로는, 아무리 경제가 성장하고 수출이 사상 최대를 기록한다 해도 보통 사람의 삶은 향상될 수 없고 종국에는 성장 동력 자체가 위축된다.

경제성장은 필요조건이며 수단이지 목적이 아니다. 경제성장과 효율성은 고용 증대, 빈곤 퇴치, 불평등 감소, 인간 계발, 지속 가능한 환경 등과 함께할 때만 보통 사람의 삶에 기여한다. 보통 사람의 삶의 조건을 개선하는 새로운 경제 패러다임, 즉 효율성과 형평성, 경제성장과 사회 진보를 함께 추구할 수 있는 사회적 합의가 필요하다. 이를 위해 노사정뿐 아니라 농민, 빈민, 시민 대표 등이 함께 참여하는 '보통 사람의 삶의 질 향상을 위한 경제사회 합의체'를 수립할 필요가 있다.

("시평", 《한겨레신문》, 2004.6.25.)

지은이

박진도

서울대학교 경제학과 졸업
서울대학교 대학원 경제학과 졸업(경제학 석사)
일본 동경대학 대학원 경제학연구과 졸업(경제학 박사)
학술단체협의회 상임공동대표 역임
참여사회연구소 소장 역임
현재 충남대학교 경제학과 교수
     농정연구센터 소장
     대통령자문 정책기획위원회 위원
     지역재단 상임이사
     한국사회경제학회 회장

저역서:
『WTO체제와 농정개혁』(2005)
『농촌개발의 종합적 전략에 관한 연구』(공저, 2004)
『상향식 농촌발전전략 수립에 관한 연구』(공저, 2002)
『주요선진국의 농정개혁』(공저, 2002)
『한국자본주의와 농업구조』(1995)
『식량대란』(역서, 1997)

논문:
「농협중앙회 신용사업과 경제사업의 분리와 농협법 개정」(2004)
「WTO 농업협상과 한국농정의 과제」(2001)
「일본의 내발적 지역개발전략에 관한 연구」(2000)

박진도의 농촌 에세이

그래도 농촌이 희망이다

ⓒ 박진도, 2005

지은이 | 박진도
펴낸이 | 김종수
펴낸곳 | 도서출판 한울

편집책임 | 서영의

초판 1쇄 발행 | 2005년 12월 15일
초판 3쇄 발행 | 2007년 9월 10일

주소 | 413-832 파주시 교하읍 문발리 507-2(본사)
      121-801 서울시 마포구 공덕동 105-90 서울빌딩 3층(서울 사무소)
전화 | 영업 02-326-0095, 편집 02-336-6183
팩스 | 02-333-7543
홈페이지 | www.hanulbooks.co.kr
등록 | 1980년 3월 13일, 제406-2003-051호

Printed in Korea.
ISBN 978-89-460-3475-4 03520

* 가격은 겉표지에 있습니다.